Eine lernfähige Architektur zur Organisation der Verhalten eines autonomen Roboters

Thomas Bergener
geboren in Witten

Dissertation zur Erlangung des Grades
Doktor-Ingenieur
an der Fakultät für Elektrotechnik und Informationstechnik
der Ruhr-Universität Bochum

eingereicht im April 2000

Referenten:

Prof. Dr.-Ing. Werner von Seelen
Institut für Neuroinformatik
Lehrstuhl für Theoretische Biologie
Ruhr-Universität Bochum

Prof. Dr.-Ing. York Tüchelmann
Fakultät für Elektrotechnik
Arbeitsgruppe Integrierte Informationssysteme
Ruhr-Universität Bochum

Tag der mündlichen Prüfung: 17.11.2000

Thomas Bergener

EINE LERNFÄHIGE ARCHITEKTUR ZUR ORGANISATION DER VERHALTEN EINES AUTONOMEN ROBOTERS

ibidem-Verlag
Stuttgart

Die Deutsche Bibliothek - CIP-Einheitsaufnahme:

Ein Titeldatensatz für diese Publikation ist bei
Der Deutschen Bibliothek erhältlich

∞

Gedruckt auf alterungsbeständigem, säurefreien Papier
Printed on acid-free paper

ISBN: 3-89821-100-2

Printed in Germany

Vorwort des Herausgebers

Interdisziplinarität in der Wissenschaft ist zwar in aller Munde, aber mit vielen Schwierigkeiten belastet. Eines dieser Probleme betrifft die Publikationen, deren Erscheinungsort wesentlich durch das Studienfach der Autoren bestimmt wird. Dies gilt im besonderen Maße für Dissertationen. Das Institut für Neuroinformatik an der Ruhr-Universität Bochum will zur Verbesserung dieser Situation beitragen und faßt die Dissertationen eines Fachgebietes in dieser Reihe zusammen. Dankenswerterweise hat sich der *ibidem*-Verlag bereit gefunden, diese Aufgabe publizistisch zu betreuen. Das Fachgebiet betrifft die „Konzepte neuronaler Informationsverarbeitung". Dieser Bereich befindet sich in einer dynamischen Entwicklung und ist auf die Kooperation von Ingenieuren, Physikern, Mathematikern, Informatikern und Biologen angewiesen. Gemeinsames Ziel ist der Entwurf von Kontrollsystemen, die für diese Aufgabe Prinzipien biologischer Informationsverarbeitung für technische Aufgaben zu „übersetzen" versuchen. Der biologische Bezug ist durch Hirnforschung und Evolution gegeben. Der Grundgedanke, der dieses Gebiet treibt, ist eine einfache Feststellung: Beim Entwurf von Systemen führt deren steigende Komplexität, ihre Nichtlinearität, die erforderliche Flexibilität und der Zwang, in natürlichen Umwelten zu operieren, zu massiven Schwierigkeiten. Andererseits sind neuronale Systeme der existierende Beweis der Lösbarkeit dieser Probleme. Es ist somit naheliegend, Prinzipien zu übertragen, die z. B. schrittweise die häufig kaum lösbare explizite Kodierung durch Methoden der „Selbstorganisation" und des Lernens ersetzen. Neuronale Netze waren ein erster erfolgreicher Schritt. Es ist zu erwarten, daß weiterreichende Entwicklungen, die eine biologische Basis haben, möglich sind. Diesem Sachgebiet für Dissertationen ein „Forum" zu schaffen, ist das Ziel dieser Reihe.

Bochum, im Oktober 2000

Prof. Dr. Werner von Seelen

Danksagung

Diese Arbeit ist während meiner Tätigkeit am Institut für Neuroinformatik, Lehrstuhl für Theoretische Biologie, der Ruhr-Universität Bochum entstanden. Für die Unterstützung, die mir meine Betreuer, Mitarbeiter, Freunde und nicht zuletzt meine Familie in dieser Zeit gaben, möchte ich mich an dieser Stelle von Herzen bedanken.

Prof. Dr. Werner von Seelen danke ich dafür, dass er mir die Gelegenheit gab, in der unvergleichlichen Atmosphäre seines Lehrstuhls zu arbeiten und in den Projekten NAMOS, NEUROS und MORPHA meine Ideen einzubringen.

Prof. Dr. York Tüchelmann danke ich für die Übernahme des Koreferats und die ungewöhnlich engagierte Auseinandersetzung mit dieser Arbeit.

Besonderer Dank geht an Dr. Axel Steinhage, der als Freund und wissenschaftlicher Betreuer großen Anteil am Entstehen dieser Arbeit hatte.

Den Mitarbeitern der Arbeitsgruppe NEUROS, Dr. Carsten Bruckhoff, Dr. Percy Dahm, Ioannis Iossifidis, Herbert Janßen, Dr. Frank Joublin und Rainer Menzner, danke ich für die großartige Zusammenarbeit. Der unermüdliche Eifer dieser Gruppe, neue Ideen sofort in Teamarbeit am Roboter umzusetzen hat den Erfolg dieses Projektes ausgemacht. Gäbe es einen internationalen Roboter-Dreikampf in den Disziplinen wissenschaftliches Konzept, technische Umsetzung und Autonomie in realen Umwelten, wäre Arnold immer noch Weltmeister.

Großen Anteil an dieser Arbeit hatten auch meine Diplomanden Alfred Foltin, "das lebende Hindernis" (Foltin über Foltin, siehe Abb. 4.24), Thomas Gilles und Lennart Quispel. Vielen Dank für Eure Mitarbeit!

Herzlichen Dank an Dr. Christian Goerick für die aufmerksame Durchsicht des Manuskriptes und an meine Schwester Heike für die sprachlichen Korrekturen.

Arno Berg und Micha Neef sorgten für eine perfekt funktionierende Rechnerinfrastruktur. Heide Berz und Kathi Weißmann leisteten großartige Arbeit im Sekretariat und bewahrten das Institut täglich vor dem organisatorischen Kollaps. Michael Ziesmer entwickelte unzählige Schaltungen des Roboters und reparierte ebenso unzählige abgerissene Kabel, wenn sich Arnold durch unsere Unachtsamkeit zu weit vom Labor entfernt hatte. Allen gilt mein herzlicher Dank.

Allen ungenannten Mitarbeitern gilt mein Dank für die vielen anregenden Diskussionen und Hilfeleistungen.

Arnold gilt mein Dank dafür, dass seine Hardware die vermutlich viele Kilometer langen Fahrten durch die Gänge und das Foyer des Institutes, die unzähligen Kollisionen mit diversen Türrahmen und die stundenlangen Dreharbeiten mit den Fernsehteams schadlos überstanden hat.

Meiner Familie danke ich für die Unterstützung und Tina für ihre Liebe.

Thomas Bergener, im November 2000

Inhaltsverzeichnis

SYMBOLVERZEICHNIS

Symbolverzeichnis

Dynamische Systeme allgemein

$\mathbf{x}$	Zustandsvektor
$\frac{d\mathbf{x}}{dt}, \dot{\mathbf{x}}$	zeitliche Ableitung
$\mathbf{p}(\mathbf{t}), \hat{\mathbf{p}}$	Parameter-Vektor
$\varphi(\mathbf{x}, t)$	Fluss von $\mathbf{x}$
$\gamma(\mathbf{x}(t))$	Trajektorie durch $\mathbf{x}(t)$
$\mathbf{x}^*$	Fixpunkt der Dynamik in $\mathbf{x}$

Verhaltensorganisation

E_i	Elementarverhalten i
m	Anzahl der Elementarverhalten
$\mathbf{g}_i$	Zustandsvektor eines Elementarverhaltens
n_i	Aktivierung eines Elementarverhaltens
τ_n	Zeitskala der Aktivierung
ξ_t	Rauschterm
α_i	kompetitiver Vorteil
Ψ_i	Stimulusvariable
c_α	Konstante
m_i	Kurzzeitgedächtnis
$\tau_{m,1}, \tau_{m,2}$	Zeitkonstanten der Gedächtnisdynamik
$I_{i,j}$	Eingabe von Modul j an Modul i
$O_{i,j}$	Ausgabe von Modul i an Modul j
$U_{i,j}(\mathbf{g}_i)$	Ausgabe-Funktion des Zustandsvektors
γ	Kompetitionsmatrix
$\mathbf{A}$	Bedingungsmatrix
ρ_i	Refraktärfaktor
$\tau_{\rho,1}, \tau_{\rho,2}$	Zeitkonstanten der Refraktärdynamik
c_τ	Zeitskalenverhältnis der Refraktärdynamik
C_i^{s}	Sensorkontext
C_i^{ms}	Kurzzeitgedächtnis des Sensorkontextes
C_i^{e}	externer Kontext
C_i^{default}	Default-Kontext
C_i^{goal}	Ziel-Kontext
C_i^{voting}	Votum-Kontext
C_i^{explore}	Explorationskontext
$\mathbf{V}$	Votum-Matrix
$\mathbf{T}$	Matrix der Lernsignale
$\mathbf{W}$	Lernmatrix
E	globaler Explorationskontext
M_i	Explorationsmotivation
J_i	Explorationsbewertung

Navigations-Verhalten

$\varphi(t)$	Orientierung des Roboters
R	Ortskoordinaten des Roboters
a_1	Zeitskala von $\varphi(t)$
Z	Ortskoordinaten des Ziels
ψ_Z	Richtung auf Z
φ_Z	Orientierung am Ziel
r_Z	Abstand zum Ziel
σ_Z	Attraktor-Reichweite um das Ziel
f_Z	Einfluss des Ziels
S	Startpunkt der Navigation
ψ_S	Orientierung am Startpunkt
φ_S	Richtung auf den Startpunkt
σ_S	Attraktor-Reichweite um das Ziel
f_S	Einfluss des Startpunkts
K	Ort der letzten Kollision
φ_K	Orientierung zur Zeit der Kollision
r_K	Abstand zum Ort der Kollision
σ_K	Attraktor-Reichweite um den Kollisionsort
f_K	Einfluss des Kollisionsortes

Unscharfe logische Operatoren

$\vee$	unscharfer oder-Operator
$\wedge$	unscharfer und-Operator
$\bar{x}$	unscharfer nicht-Operator, angewandt auf x

1 Einleitung

1.1 Motivation

Die Fähigkeit technischer Systeme, sich in natürlichen Umwelten autonom zu bewegen, Objekte zu manipulieren und somit zielgerichtet zu agieren, ist im Vergleich zu den biologischen Vorbildern äußerst beschränkt. Die gleichzeitige Berücksichtigung mehrerer Ziele und Randbedingungen, Reaktionen auf unerwartete Ereignisse und Veränderungen der Umwelt, sowie der zielgerichtete Einsatz eines Repertoires eigener Fähigkeiten, bilden für autonome Roboter ein großes Problem.

Vergleichbare Probleme werden in der Biologie selbst von einfachen Lebewesen sehr gut gelöst. Sie zeigen ein vorbildliches Maß an Robustheit und Fehlertoleranz bei der Realisierung ihrer Verhaltensziele. Dabei hat die Evolution hervorragende Lösungen für zwei Systemklassen herausgebildet: Zum einen die vielfältigen Fähigkeiten zur Bewältigung einzelner Aufgaben wie Fortbewegung, Navigation, Beutejagd etc. und zum anderen die zielgerichtete Organisation dieser Fähigkeiten zu einem komplexen Gesamtverhalten. Die Auswahl eines Verhaltens geschieht dabei unter Berücksichtigung der Situation, in der sich das Tier zur Zeit befindet und seinem aktuellen Ziel bzw. seiner Motivation.

Die Übertragung dieser Eigenschaften auf ein technisches System stellt sich als äußerst schwierig dar. Das liegt zum einen an den etablierten Verfahren, technische Systeme, wie z. B. Roboter, durch informationsverarbeitende Systeme zu steuern: Die Ansätze der klassischen künstlichen Intelligenz haben sich zur Erzeugung autonomen Verhaltens in natürlichen Umwelten als nur begrenzt geeignet herausgestellt. Ebenso sind die Methoden der klassischen Regelungstechnik nur bedingt zur Sensor-Motor-Kontrolle geeignet, wenn die Sensor-Daten z. B. in Form einer kontinuierlichen Verteilung (z. B. von Hindernissen) vorliegen und es keinen eindeutigen Sollwert für das Systemverhalten gibt.

In den letzten Jahren hat sich der Ansatz etabliert, Roboterverhalten durch dynamische Systeme zu formulieren. Basierend auf den Arbeiten von Schöner, Dose und Engels (1995) sowie Steinhage und Schöner (1997b) wurde insbesondere im Bereich der Navigation autonomer Fahrzeuge durch Dahm und Bruckhoff (1998) die Leistungsfähigkeit dieses Ansatzes demonstriert. Dahm, Bruckhoff und Joublin (1998) erweiterten diesen Ansatz auf die Kontrolle von anthropomorphen Roboterarmen.

Der *dynamische Ansatz zur Robotik* beinhaltet dabei, das Verhalten des technischen Systems als Ergebnis einer Kommunikation mit der Umwelt zu verstehen und diese Wechselwirkung durch gewöhnliche, in der Regel nichtlineare, Differentialgleichungen zu beschreiben (siehe Kapitel 3.1). Die besondere Art der Beschreibung von Roboterverhalten als dynamische Systeme definiert eine Sprache zum Entwurf von Kontrollsystemen autonomer Systeme. Die Formulierung durch Differentialgleichungen ist inhärent zeitbezogen. Sie ordnet die Kontrollmechanismen der Effektoren einer (gegebenenfalls flexiblen) Hierarchie von Zeitskalen der zu Grunde liegenden Dynamiken unter und realisiert so z. B. die Koordination unterschiedlicher Aktuatoren, Hysterese und selbststabilisierende Lösungen.

Will man alle Vorteile, die eine solche Formulierung der Basisfähigkeiten als dynamische Systeme mit sich bringt, auf die Verhaltensorganisation übertragen, ist ein dynamisches System als Kontrollarchitektur zu entwickeln, das diese Basisfähigkeiten aufnimmt, ihr Zusammenwirken organisiert und somit einem Roboter mit vielen Freiheitsgraden die Fähigkeit zum Lösen komplexer Probleme gibt. Die einzelnen Roboterverhalten sollten dabei als schwach gekoppelte Prozesse in einem verteilten System realisiert werden. Dabei sollte die Kopplung der Basisfähigkeiten möglichst flexibel und die Architektur selbst offen, d. h. modular erweiterbar sein.

Für die Verwendung dynamischer Systeme zur Formulierung einer Verhaltensorganisation in dieser Architektur sprechen zwei entscheidende Gründe: Zum einen ist die Flexibilität dieser Systeme bei gleichzeitiger Stabilität der Lösungen für die Verhaltensauswahl sehr vorteilhaft. Zum anderen kann damit das gesamte Kontrollsystem des Roboters mit einheitlichen Prinzipien und einer gemeinsamen Sprache beschrieben werden. Damit wird nahegelegt, die Wechselwirkungen der Verhaltensmodule auf der Ebene der Kontrollarchitektur ebenfalls durch gewöhnliche Differentialgleichungen zu beschreiben und ein dynamisches System zur Verhaltensorganisation eines autonomen Roboters zu definieren.

In der vorliegenden Arbeit wird eine solche Systemarchitektur schrittweise entwickelt und deren Leistungsfähigkeit und Limitierungen in Experimenten betrachtet. Abschnitt 1.2 gibt zunächst eine Annäherung an den Begriff des autonomen Roboters. In Kapitel 2 werden unterschiedliche Ansätze zur Organisation autonomer Systeme vorgestellt. Kapitel 3 stellt den dynamischen Ansatz zur Robotik vor. Hier werden die Prinzipien zur Entwicklung von Kontrollsystemen mittels dynamischer Systeme in der Robotik beschrieben und es werden Randbedingungen für die Entwicklung einer Verhaltensorganisation herausgestellt.

Das System zur Verhaltensorganisation wird im Kapitel 4 schrittweise entwickelt. Die unterschiedlichen Wechselwirkungen zwischen den Basisverhalten werden entworfen und das System entsprechend erweitert. Unterschiedliche Experimente demonstrieren die Eignung der Architektur für die Verhaltensorganisation autonomer Roboter am Beispiel des Service-Roboters ARNOLD. In Kapitel 5 wird auf die Planung von Aktionssequenzen eingegangen und eine entsprechende Erweiterung der Verhaltensorganisation entwickelt. Dieses Planungsschema erhält in Kapitel 6 eine adaptive Komponente, um die Effekte der eigenen Verhalten autonom zu lernen. Kapitel 7 resümiert die Arbeit und stellt Stärken und Limitierungen der Architektur heraus.

1.2 Autonome Roboter

1.2.1 Begriffsbestimmung

Der Begriff des *autonomen Roboters* ist nicht exakt definiert und wird in vielen Quellen unterschiedlich verstanden. Es soll daher an dieser Stelle eine Annäherung an diesen Begriff erfolgen, so wie er häufig in der künstlichen Intelligenz benutzt wird (Franklin und Graesser 1997, Steels und Brooks 1994).

Ein *Automat* ist im Sinne der Kybernetik ein technisches System, das Informationen aufnimmt und durch Selbststeuerung oder Selbstregelung Ausgabedaten erzeugt (Wiener 1948). Ein Automat, der in eine Umwelt eingebettet ist, diese zumindest teilweise durch Sensoren erfassen kann und durch Aktionen auf seine Umwelt einwirkt, wird als *Agent* bezeichnet. Bildet ein Agent eine physische Einheit und unterliegt seine Wechselwirkung mit der Umwelt den Gesetzen der Physik, so spricht man von einem *Roboter* oder einem *physischen Agenten* (vergleiche Dillmann und Huck 1991, S.21).

Der Begriff des *Autonomen Roboters* geht darüber hinaus: Er besagt, dass das System nicht nur die Steuerung oder Regelung der Aktuatoren übernimmt, sondern zusätzlich das eigene qualitative Verhalten abhängig von der Beobachtung seiner Umwelt und interner Informationsverarbeitung zielgerichtet auswählt (Maes 1989). Damit wird es ihm möglich, eine gestellte Aufgabe auch unter Einwirkung nicht explizit vorgesehener Ereignisse und Umweltzustände erfolgreich durchzuführen (Dillmann und Huck 1991, S. 235).

1.2.2 Ziele und Motivation

Zielgerichtetes Verhalten beinhaltet, dass das Ziel, d. h. der vom System angestrebte Zustand, implizit oder explizit im System repräsentiert wird. Der Begriff des Ziels wird in vielen Arbeiten durch Antrieb (Brustoloni 1991) oder Motivation (Balkenius 1993a) ersetzt. Im Gegensatz zu einem statischen Ziel kann ein Antrieb als zeitabhängiger Parameter beschrieben werden, der durch bestimmte Verhalten abgebaut werden kann. Diese Beschreibung deckt sich in etwa mit dem ethologischen Verständnis von Motivation in biologischen Systemen (Gould und Grant Gould 1997, S. 42ff.). Dabei werden in technischen wie biologischen Systemen stets unterschiedliche Antriebe beschrieben, deren Stärken durch Wahrnehmungen moduliert werden können. Auf diese Weise können Priorisierungen erzeugt und auch bei mehreren gleichzeitig vorhandenen Antrieben stabile Auswahlen von Aktionen oder Verhalten getroffen werden.

1.2.3 Autonomie und Unabhängigkeit

Neben dem Anspruch, selbstbestimmt bezüglich der Auswahl des eigenen Verhaltens zu sein, wird bei der Definition autonomer Systeme oft die Unabhängigkeit von einem menschlichen Bediener betont. Ein autonomes System muss dazu nicht nur seine internen Ziele realisieren können, sondern auch die Erhaltung der eigenen Funktionsfähigkeit anstreben.

Damit ist nicht nur die Vermeidung von physischen Schäden oder das Aufbrauchen von Ressourcen (z. B. der Batterieladung) gemeint, sondern vor allem die Fähigkeit, Stillstand, Verklemmungen oder Blockierungen der Systemfreiheitsgrade zu verhindern.

1.2.4 Lernen

Um diese Eigenschaften auf langen Zeitskalen in einer sich verändernden Umwelt bewahren zu können, muss das System adaptiv sein. Lebenslanges Lernen in autonomen Systemen ist daher eine wichtige Komponente für die Erzeugung von Autonomie.

1.2.5 Sensorik

Die Einbettung in eine „reale" Umwelt bringt einige spezielle Bedingungen mit sich: Im Gegensatz zu Sensor-Installationen in der Mess- und Regeltechnik, wo ein Sensor einen scharf ausgewählten physikalischen Aspekt des Systems misst, wird ein auf einem autonomen mobilen Roboter montierter Sensor durch eine a priori unbekannte Umwelt bewegt. Entfernungsmessungen durch Ultraschall, Laser oder Stereosehen kodieren so neben den räumlichen Eigenschaften der Umwelt stets die sich verändernde Richtung oder Perspektive der Messung. Die Tatsache, dass es sich bei den Messungen um Projektionen der Umwelt auf den Sensor handelt, gewinnt hier stark an Bedeutung und beeinflusst die Entwicklung der Kontrollstrategien.

Zudem ist die Umwelt oft selbst dynamisch. Nicht nur der Agent nimmt Einfluss auf sie, sondern auch andere äußere Faktoren wie z. B. Menschen oder weitere Roboter. Für das technische System bedeutet das, dass die Frage, ob eine Veränderung der Umwelt Ergebnis einer eigenen Aktion war oder durch andere Einflüsse hervorgerufen wurde, nicht einfach zu entscheiden ist.

1.2.6 Aktuatorik

Der Einfluss eines physischen Agenten auf seine Umwelt ist begrenzt. Sein Gewicht, seine Größe und Kraft limitieren seine Möglichkeiten, sich selbst bzw. Objekte in seiner Umwelt zu bewegen. Insbesondere ist die Wirkung seiner Aktionen nicht vollständig und fehlerfrei prädizierbar. Der Versuch eines mobilen Systems, einen Meter vorwärts zu fahren, kann durch Schlupf der Antriebsräder oder Hindernisse, die die Bewegung blockieren, zu unterschiedlichsten Ergebnissen führen.

1.2.7 Anforderungen an autonome Roboter

Maes (1989) und Dillmann und Huck (1991) geben eine Reihe von Eigenschaften autonomer Systeme als Voraussetzung für ein hohes Maß an Autonomie und guter Performanz an.
Zielorientierung: Das System bevorzugt Aktionen, die zielorientiert bzw. dazu geeignet sind, einen Antrieb zu stillen. Oft ist es notwendig, dass das System unterschiedliche Ziele

gleichzeitig verfolgt, um funktionsfähig zu bleiben. Es benötigt also Mechanismen, die Prioritäten berücksichtigen oder Zustände schützen können.

Persistenz: Angestrebte Ziele werden nur aufgegeben, falls ein Wechsel des Ziels dringend angezeigt ist. Das System ist beharrlich und zeigt Hysterese bei der Auswahl des Ziels. Dies scheint notwendig, da die Auswahl des Verhaltens von Sensorinformationen abhängt und diese eventuell Störungen und Rauschen beinhalten.

Planung: Der Agent ist in der Lage, vorausschauend zu handeln. Er kann den weiteren Verlauf seines Handelns „durchdenken", erfolgversprechende Aktionspläne entwickeln und ausführen.

Lernen: Das System lernt aus Erfahrungen und adaptiert sich mit der Zeit an äußere Randbedingungen. Lernen beschränkt sich dabei nicht auf die Ansammlung von symbolischem Wissen, wie z. B. bei der Erstellung einer Karte, sondern meint insbesondere die Anpassung des Kontrollschemas selbst.

Robustheit: Das System scheitert niemals vollständig, auch beim Ausfall oder Fehlern in einer Systemkomponente bleibt es stets aktionsfähig. Robustheit kann einerseits durch zusätzliche Systemkomponenten, z. B. durch die Instanz eines Systembeobachters erzeugt werden, interessanter ist aber, die Kontrollstruktur selbst so zu wählen, dass z. B. durch Rückkopplung ungenaue Modelle und Dekalibrierungen kompensiert werden.

Reaktivität: Schnelle Veränderungen in der Umwelt können vom System ausreichend schnell erfasst und die Auswahl von Aktionen entsprechend angepasst werden. Wenn die Umwelt des Systems selbst dynamisch ist, muss die Kontrollstruktur Echtzeitbedingungen genügen, um erfolgreich agieren zu können.

Flexibilität: Das System reagiert flexibel auf mögliche Störungen und wählt automatisch alternative Lösungswege. Pläne können jederzeit verworfen oder variiert werden, so dass sich der Roboter im ständigen Prozess der Neuplanung befindet. **Erweiterbarkeit:** Die Leistungsfähigkeit des System kann durch das Hinzufügen von Komponenten einfach erhöht werden, ohne dass die Kontrollstruktur verändert werden muss (sog. *offenes System*).

Realisierbarkeit: Das System muss dem Stand der Technologie angepasst werden um realisierbar zu sein. Sensoren, Aktuatoren und Rechen-Hardware müssen verfügbar, robust und ggf. kompakt sein, um in ein mobiles System integriert werden zu können.

Diese Merkmale können keine Metrik für die Leistungsfähigkeit eines autonomen Systems bilden. Sie stellen nur Bewertungskriterien dar. Einige der Anforderungen widersprechen sich zudem: So wird z. B. beim Systementwurf zwischen vorausschauend planendem Handeln und reaktiver Aktionsauswahl ein Kompromiss gefunden werden müssen. Die unterschiedlichen Kriterien werden daher mit unterschiedlichen Gewichtungen in den individuellen Entwurfsprozess eingehen müssen.

1.2.8 Bedeutung der Wahl einer Architektur

Der Entwurfsprozess eines autonomen Roboters wird im Allgemeinen einem übergeordneten Formalismus folgen, der ein Format für den Entwurf und die Realisierung der Robotersteuerung vorgibt. Dieser formale Rahmen, die sogenannte Architektur, hat entscheidenden Einfluss auf die Qualität der Lösung und den Grad, in dem die oben genannten Anforderungen an den Roboter erfüllt werden. Er umfasst normalerweise sowohl eine Spezifikation, mit welcher Methodik Sensoreingaben auf Effektorkommandos umgesetzt werden, als auch einen Formalismus, der das Zusammenwirken einzelner Steuerungsmodule oder Kontrollschichten für ein zielgerichtetes Handeln organisiert. Die Ansätze dazu sind so zahlreich und unterschiedlich, wie die möglichen Gewichtungen der Anforderungen an den zu entwickelnden Roboter. In den letzten 30 Jahren sind viele sehr unterschiedliche Architekturvorschläge bekannt geworden, die z. T. aus der klassischen Datenverarbeitung und der künstlichen Intelligenz, oft aber auch aus der Neuroinformatik und den Kognitionswissenschaften stammen. Das folgende Kapitel stellt die wichtigsten Formalismen vor.

2 Roboter-Architekturen

2.1 Hierarchisch funktionale Architekturen

Die klassische Art, Kontrollstrukturen für Roboter zu entwerfen, basiert auf den Verfahren der Künstlichen Intelligenz der siebziger und achtziger Jahre des 20. Jahrhunderts. Als Referenzmodell gilt das von NASA und NBS festgelegte *NASREN-Modell* (Albus, Lumia und McCain 1987, Albus und Lumia 1990). Dieses sieht die explizite Modellierung der Umwelt, das so genannte *Weltmodell*, als zentralen Bestandteil der Architektur vor. Die akquirierten Sensordaten werden über mehrere Abstraktionsstufen in einem hierarchischen Modell auf das Weltmodell abgebildet. Die interne, explizit symbolische Repräsentation wird kontinuierlich mit den Sensordaten abgeglichen. Basierend auf dem internen Weltmodell und dem Zielzustand wird durch einen Planer (siehe z. B. Veloso et al. 1995) ein Aktionsplan erstellt und dieser über mehrere Stufen in Teilpläne, Aktionen, Endeffektor-Trajektorien und zuletzt in Servo-Kommandos umgesetzt (Abb. 2.1). Dabei wird meist auch eine vollständige Kontrolle über alle Effektoren angenommen.

Simmons et al. (1997a), Simmons et al. (1997b), Elfes (1986) und Konolige und Myers (1998) geben Beispiele für Roboter-Steuerungen, denen dieses Modell zu Grunde liegt.

2.2 Verhaltensbasierte Architekturen

2.2.1 Generelle Eigenschaften

In Abgrenzung zu den klassischen Architektur-Prinzipien wurden ab Mitte der achtziger Jahre Kontrollstrukturen entwickelt, die eine enge Kopplung von Sensoren und Effektoren und eine Abkehr von der expliziten Repräsentation der Welt forderten (Braitenberg 1984, Brooks 1986).

Die Erkenntnis, dass autonome Systeme in realen Umwelten gleichzeitig unterschiedliche Ziele verfolgen und dazu viele verschiedene, oft sehr spezialisierte Verhaltensweisen zeigen müssen, führt zu dem Ansatz, die einzelnen Verarbeitungsleistungen eines Systems in funktionalen Einheiten zu kapseln (Franklin 1995, S. 209 ff.). Die geeignete Kopplung vieler solcher informationsverarbeitenden Einheiten führt zu einem intelligenten Gesamtsystem. Jedes dieser Module realisiert dabei ein oder mehrere Perzeptionsleistungen, Aktionen oder Verhalten. Man spricht dabei von Agenten (Minsky 1986), Kompetenzen (Brooks

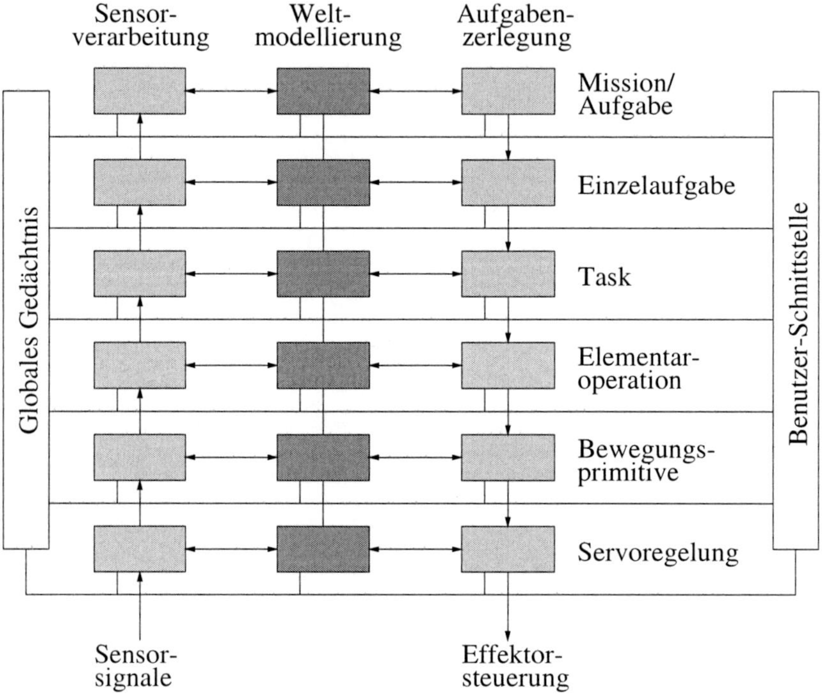

Abbildung 2.1: Funktional-hierarchische Roboter-Architektur (vergleiche Dillmann und Huck 1991 S. 203 und Arkin 1998 S. 23).

1986) oder Kompetenz-Modulen (Maes 1989).

Komplexes Verhalten wird durch Interaktion dieser *lokalen Experten* erzeugt, die gleichzeitig oder sequentiell aktiv werden und Einfluss auf die Aktuatoren nehmen. Minsky spricht in diesem Zusammenhang von der *Society of Mind*: Der einzelne Agent ist in seinen Fähigkeiten sehr begrenzt, aber er beherrscht eine Problemlösungsstrategie perfekt. Intelligenz wird als emergente Eigenschaft dieser Kopplung entwickelt.

Das Problem der Interaktion lokaler Experten in solch dezentralisierten Systemen wird damit zur zentralen Frage bei der Entwicklung von Architekturen autonomer Systeme. Die Wechselwirkung zwischen diesen Einheiten entscheidet, ob und in welchem Maß ein System komplexe Aufgaben lösen kann, wie autonom es ist und wie stabil es sich auf langen Zeitskalen verhält. Die Verhaltensorganisation, der Formalismus, in den die modularen Basisfähigkeiten eingebettet sind und der die Wechselwirkungen und Schnittstellen dieser *Agenten* festlegt, hat daher ebenso großen Einfluss auf die Gesamtperformanz des Systems in seiner Umwelt, wie die Basisfähigkeiten selbst.

2.2.2 Verhaltensorganisation

Verfahren zur Verhaltensorganisation autonomer Roboter werden grob in kompetitive und kooperative Mechanismen unterteilt. Beide Ansätze haben das Ziel, den Kontrollfluss zwischen Sensoren und Effektoren so zu organisieren, dass ein zielgerichtetes Zusammenwirken der Einzelverhalten des Roboters erreicht wird. *Kompetitive Verfahren* treffen eine Auswahl von einem oder mehreren zu aktivierenden Verhalten aus dem Repertoire von Modulen. Oft wird dazu eine zentrale Instanz, ein Arbitrator eingeführt. Im Gegensatz dazu fusionieren *kooperative Verfahren* die Kontrollsignale mehrerer parallel aktiver Verhalten in geeigneter Weise.

Im Folgenden soll ein kurzer Überblick über die unterschiedlichen Techniken zur Verhaltensorganisation für autonome Roboter gegeben werden. Zur ausführlichen Darstellung sei auf die angegebenen Quellen verwiesen. Arkin (1998) gibt einen umfassenden Überblick über die unterschiedlichen Verfahren.

2.2.2.1 Kompetitive Methoden

Prioritätsbasierte Verfahren - Subsumption-Architektur: Das bekannteste prioritätsbasierte Arbitrierungssystem ist die von Brooks (1986) entwickelte *Subsumption-Architektur*. Dort werden Verhalten in einer mehrschichtigen Hierarchie angeordnet. Höhere Fähigkeiten wirken dabei so auf einfachere ein, dass sie deren Ausgabe zulassen, unterdrücken oder durch die eigene Ausgabe ersetzen. Die Komplexität der Verhalten steigt dabei mit den Hierarchie-Ebenen, wobei ein höheres Verhalten alle einfacheren Verhalten umfasst (engl. subsume), deren Leistungen also einschließt. Die Priorisierung ist fix durch die Topologie der Verschaltung der Module gegeben (Abb. 2.2). Die einzelnen Module werden durch endliche Automaten realisiert.

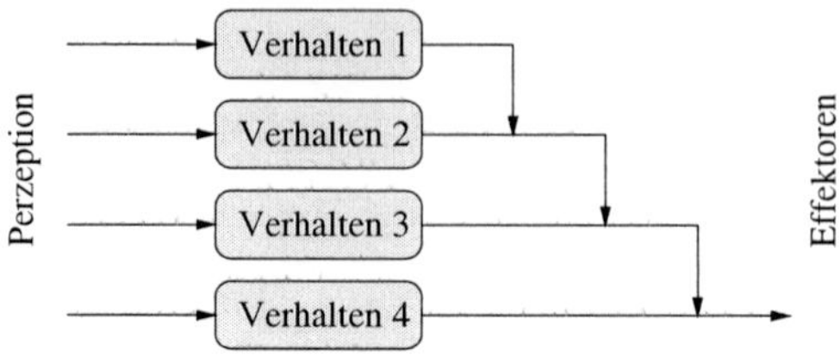

Abbildung 2.2: Prioritätsbasierte Organisation: Die Antwort des höchsten aktiven Verhaltens steuert die Effektoren.

Discrete-Event-Systems: *Discrete-Event-Systems* (Košecká und Bajcsy 1994, Ramadge und Wonham 1989, Košecká und Bogoni 1994) sind zustandsbasierte Arbitrierungssysteme. Sie basieren formal auf endlichen Automaten und ordnen jedem Knoten des Zustandsgraphen eine Motor- oder Sensor-Aktion zu. Schwellwertüberschreitungen der Sensor-Daten lösen einen Wechsel des aktuellen Zustands aus. Für einen Vergleich von *Discrete-Event-Systems* und der *Subsumption-Architektur* siehe Bogoni (1994).

Hybride Systeme: Eine besondere Variante von Discrete-Event-Systems stellen die so genannten *hybriden Systeme* dar (Brockett 1993, Lemmon, Stiver und Antsaklis 1993, Puri 1995). Hier wird jeder Zustand des endlichen Automaten durch ein einfaches dynamisches System besetzt, das eine einfache Regelung eines oder mehrerer Aktuatoren realisiert. Abhängig von eintretenden Ereignissen wird die aktuell wirksame Kontrollstrategie gewechselt (Abb. 2.3). Die Möglichkeit der kontinuierlichen Regelung der Effektoren ist der entscheidende Vorteil dieses Ansatzes. Die gute Kontrollierbarkeit und Berechenbarkeit des endlichen Automaten bleibt allerdings nur bei Verwendung sehr einfacher dynamischer Systeme erhalten (Alur et al. 1995).

Behavioral Networks: *Behavioral Networks* definieren eine Kompetition der einzelnen Agenten um die Kontrolle des Systems. Maes (1989 und 1990) entwickelte so ein Verhaltens-Netzwerk, in dem die Module aktivierende und hemmende Signale austauschen, so dass es zur Auswahl einer Aktion kommt, die der aktuellen Situation des Roboters und seinen Zielen adäquat ist (*Winner-Take-All*). Jedes Verhalten wird dazu mit Listen von Vor- und Nachbedingen attributiert, so dass auch relativ komplexe Aktionspläne entwickelt werden können.

Dynamische Systeme zur Verhaltensauswahl: Jaeger und Christaller (1997 und 1998) und Steinhage und Bergener (1998) benutzen dynamische Systeme zur kompetitiven Verhaltensauswahl für mobile Roboter. Die Ansätze grenzen sich insbesondere dadurch von den obigen ab, als dass sie mathematisch in geschlossener Form angegeben werden und damit Stabilitätsanalysen durchgeführt werden können.

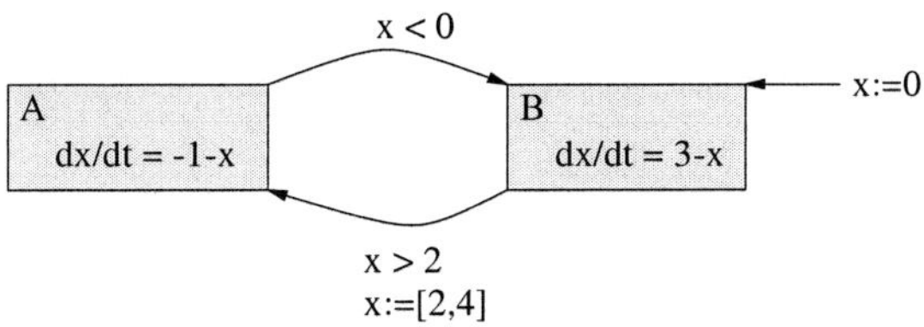

Abbildung 2.3: Hybride Systeme: Jedem Zustand des Systems ist ein einfaches dynamisches System zugeordnet. Im Beispiel existieren die Zustände A und B mit den angegebenen assoziierten *differentiellen Inklusionen*. Zwischen den Zuständen gibt es Transitionen, die einen *Guard* und evtl. eine Zuweisung besitzen. Der *Guard* bestimmt die Bedingung, unter der der Zustand gewechselt wird. Die Zuweisung ändert beim Übergang eine oder mehrere Zustandsvariablen. Im Beispiel wechselt das System unter der Bedingung $x > 2$ von Zustand B nach Zustand A. Dabei wird der Variablen x nicht-deterministisch ein Wert aus dem Intervall $[2,4]$ zugewiesen (nach Puri 1995).

2.2.2.2 Kooperative Methoden

Vektor-Addition: Scheier und Lambrinos (1995) implementieren die von Braitenberg (1984) vorgeschlagenen Prinzipien zur *Extended Braitenberg Architecture*: Die Effektoren eines mobilen Roboters werden durch einfache Vektoraddition der Einflüsse der einzelnen Verhalten und einem übergeordneten System zur Modellierung von Motivationen geregelt (Abb. 2.4).

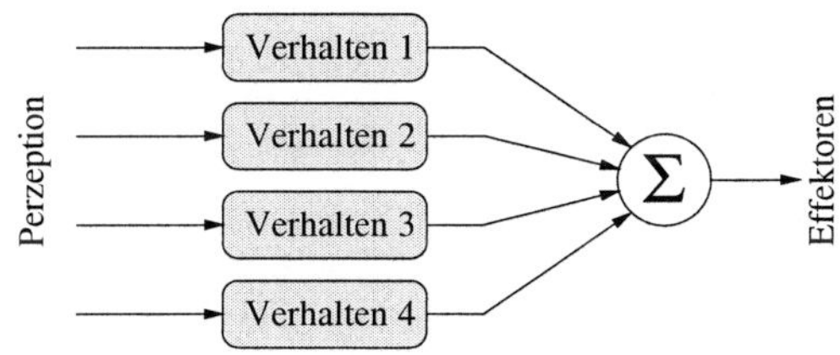

Abbildung 2.4: Verhaltensorganisation durch Vektoraddition.

Befehls- und Ziel-Fusion: Die einfache Superposition der Effektor-Signale unterschiedlicher Verhalten ist in der Regel sehr problematisch und führt nicht zu dem gewünschten Verhalten. Rosenblatt (1997) entwickelt in seiner DAMN-Architektur unterschiedliche Verfahren zur Fusion von abstrakten Aktions-Effekten bzw. Ziel-Verteilungen in einem Zustandsraum und zur Zusammenführung unterschiedlicher Zwangsbedingungen (Abb. 2.5).

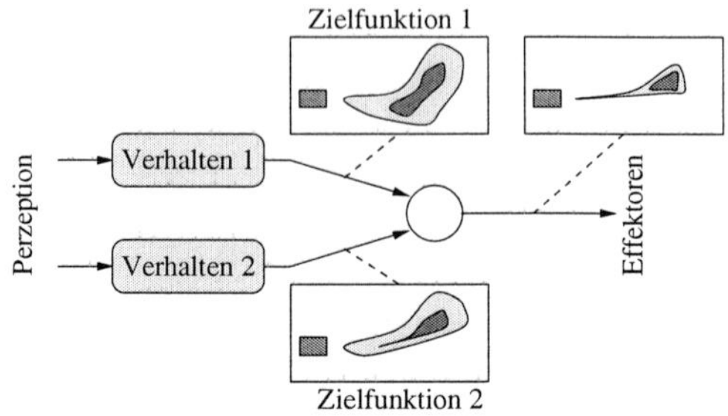

Abbildung 2.5: Verhaltensorganisation durch Fusion von Zielfunktionen: Die unterschiedlichen Zielfunktionen zweier Verhalten werden so fusioniert, dass das Ziel des Systems in mindestens einem der beiden anzusteuernden Bereiche liegt. Eine einfache Mittelung würde den Roboter ggf. in den Bereich zwischen den beiden Zielfunktionen steuern.

Das Verfahren garantiert, dass der angestrebte Zielzustand in der Nähe mindestens eines Verhaltensziels liegt.

Motor-Schemata: Arkin (1998, S. 141-165) beschreibt die Wirkung jedes Verhaltens auf die Aktuatoren als Kraft eines Potentialfeldes (vergleiche Latombe 1991, S. 295-355). So werden Ziele durch Potentialsenken und Hindernisse durch lokale Maxima des Potentials modelliert. Der Einfluss jedes Einzelverhaltens auf die Effektoren wird durch einen Faktor skaliert, der die Relevanz des Verhaltens in der aktuellen Situation wiederspiegelt. Die Effektoren des Systems werden dann entsprechend den Kräften gesteuert, die in diesem Potentialfeld auf den Roboter wirken.

Fuzzy-Verfahren: Saffiotti (1997) benutzt ein *Fuzzy-Inferenz-System* für die Motor-Regelung seines Roboters: Ein Fuzzy-Vokabular segmentiert den Zustandsraum des Systems durch entsprechende Zugehörigkeitsfunktionen. Ein Satz von Fuzzy-Regeln definiert das Verhalten des Roboters und die Defuzzifizierung bildet die Fuzzy-Aktionen auf die Effektoren ab. Dieser Ansatz ist besonders gut dazu geeignet, das Vorwissen oder Problemverständnis des Programmierers im System zu kodieren.

Dynamische Systeme in instanziierten Variablen: Steinhage und Schöner (1997a) integrieren unterschiedliche Verhaltenszwänge eines Navigationssystems durch Superposition von Attraktoren und Repelloren in einem dynamischen System in instanziierten Zustandsvariablen (Abb. 2.6). Ein Vorteil dieses Ansatzes gegenüber den Potenzialfeldmethoden ist die einfachere Vermeidung von lokalen Minima und die kontinuierliche Einkopplung der Sensordaten. Variation bzw. Inversion der Zeitskalen der einzelnen dynamischen Systeme kann einen Wechsel der Hierarchie innerhalb des Systems erzeugen.

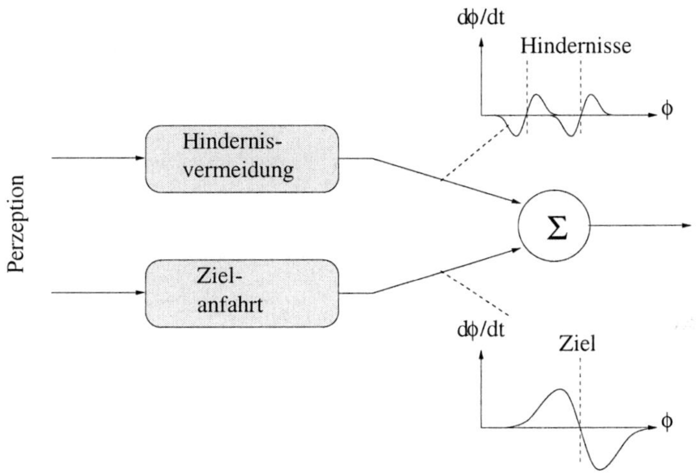

Abbildung 2.6: Verhaltensorganisation durch die Überlagerung von Attraktoren (hier z. B. die Ziel-Richtung) und Repelloren (hier die Richtungen zweier Hindernisse) in *nichtlinearen Dynamiken in instanziierten Variablen*: Der Zustand eines dynamischen Systems wird durch Summation der Einflüsse von Teilverhalten auf die zu kontrollierende Variable (hier die Vorausrichtung des Fahrzeugs) verändert. Im allgemeinen werden die Einkoppelterme in ihrer „Reichweite“ begrenzt, so dass z. B. die Hindernisse nur auf die Vorwärtsrichtung des Roboters Einfluss haben, wenn sie sich in Fahrtrichtung vor ihm befinden.

2.2.3 Zusammenfassung

Obwohl die verhaltensbasierten Verfahren den hierarchisch funktionalen Architekturen in ihrer Robustheit und dem hohen Maß der erzielbaren Autonomie überlegen sind, genügen sie meist nur für relativ flache Systementwürfe, die kaum über die Sensor-Motor-Kontrolle und eine einfache (kompetitive oder kooperative) Koordinationsschicht hinausgehen. Man vermisst einen durchgängigen Formalismus, der übergeordnete Ziele und Effekte von Aktionen repräsentieren kann und der solchen Systemen erlaubt, auch planvoll zu agieren.

Die Verwendung dynamischer Systeme zeigt in dieser Hinsicht eine besonders gute Skalierbarkeit hin zu höheren kognitiven Fähigkeiten. Der nächste Abschnitt gibt eine tiefere Einführung in diese Methodik.

3 Dynamische Systeme in der Robotik

> Der Regelkreis oder die Homöostase ist im Bereich des Lebendigen geradezu allgegenwärtig, man kann sich das Leben ohne diese Funktion kaum vorstellen und möchte annehmen, dass sie gleichzeitig mit dem Leben in die Welt gekommen sein muss, es sei denn, dass die ersten Lebensvorgänge sich in einem Milieu von unvorstellbar großer Konstanz abgespielt haben, das eine Berücksichtigung von Augenblicksinformation überflüssig machte.
>
> Konrad Lorenz (1978), S. 178

3.1 Der dynamische Ansatz zur Verhaltensgenerierung

Die Idee, die Wechselwirkung autonomer Systeme mit ihrer Umwelt im Entwurfsprozess explizit zu formulieren, wurde in den letzten Jahren als der *Dynamische Ansatz zur Verhaltensgenerierung* etabliert (Schöner, Dose und Engels 1995, Dose 1995, Steinhage 1997). Dazu werden kontrollierbare dynamische Variablen gesucht, die die Wechselwirkung des Systems mit seiner Umwelt bestimmen und in denen sich die Ziele des Systems ausdrücken lassen. Für eine fahrbare Plattform wären zum Beispiel die Fahrtrichtung und die Geschwindigkeit geeignete Parameter. Das Kontrollsystem wird dann durch kontinuierliche, in der Regel nichtlineare, Differentialgleichungen in diesen Variablen dargestellt und die Wahrnehmung der Umwelt wird auf Parameter dieser Gleichungen abgebildet. In Aktion entwickelt sich das System entlang einer Trajektorie im gewählten Zustandsraum.

Diese Festlegung der Variablenwahl grenzt den Ansatz von der klassischen Regelungstechnik ab: Da ein eindeutiger Zielzustand oder Sollwert zum Zeitpunkt des Systementwurfs nicht festgelegt werden kann, bzw. eventuell mehrere alternative Zielzustände im Zustandsraum existieren, für die sich die Kontrollstruktur zur Laufzeit autonom entscheiden kann, ist auch eine Regelabweichung nicht eindeutig festlegbar. Diese Multistabilität ist hier ausdrücklich gewünscht, sie ist in diesem Ansatz die Grundlage zur Erzeugung von Autonomie.

Beobachtet man den Roboter in seiner Umwelt, wird man Multistabilität als die Fähigkeit, Entscheidungen zu treffen, interpretieren (Dahm und Bruckhoff 1998): Das System zeigt in unterschiedlichen Situationen unterschiedliche Verhalten. Diese *Modi* sind diskrete Zustände der Kontrollstruktur. Sie resultieren aus *Bifurkationen* des zu Grunde liegenden dynamischen Systems. Der Parameterraum wird dadurch in Regionen oder *Phasen* zerlegt, in denen der Roboter genau ein Verhalten zeigt. Ein Phasenübergang des dynamischen Systems entspricht dann einem Wechsel des momentan gezeigten Verhaltens. Bifurkationen werden z. B. durch Nichtlinearitäten oder durch das Tauschen relativer Zeitskalen in gekoppelten Subsystemen erzeugt (Steinhage 1997 S. 44f, Jaeger 1998).

Die so gewonnene Flexibilität der Kontrollstruktur muss nicht im Widerspruch zur Forderung nach Stabilität stehen. Innerhalb der einzelnen Modi des Systems können Zustände durch Rückführung der Aktionen auf die Eingangsdaten selbststabilisierend realisiert werden. Dies ist ebenfalls Voraussetzung, um Oszillationen zwischen den Phasen des dynamischen Systems zu vermeiden.

Die Nutzung der Rückkopplung sensorischer Signale auf einen Steuerungsprozess in technischen Systemen ist natürlich trivial. Wird eine Kontrollstruktur allerdings in eine Umwelt eingebettet, die a priori nicht bekannt ist und in der sie situationsgerecht ein ganzes Repertoire unterschiedlicher Strategien zeigen muss, gibt es keinen direkten Weg im Entwurfsprozess. Die klassischen Ansätze der autonomen Robotik berücksichtigen dieses Prinzip nur unzureichend: Obwohl speziell bei Brooks (1986) die parallele Abbildung der Informationen aller Sensoren auf die Effektoren betont wird, sind die endlichen Automaten, die die eigentlichen Kontroll-Elemente darstellen, für die kontinuierliche Rückkopplung der Kontrollsignale ungeeignet.

Der *Dynamische Ansatz zur Verhaltensgenerierung* stellt eine Methodik zur Verfügung, um solche Probleme zu beschreiben und die Wechselwirkung des Systems mit der Umwelt in ihrer Dynamik zu formulieren. Die verwendeten dynamischen Systeme können Multistabilität und Hysterese sehr kompakt darstellen. Ihre Bifurkationen werden zur Entscheidungsfindung verwendet und das Prinzip der Rückkopplung wird in (zum Teil abstrakten) Variablen intensiv genutzt. Die realisierten Kontrollsysteme werden damit inhärent reaktiv.

Ein Überblick über den beschriebenen Ansatz wird in Schöner, Dose und Engels (1995) gegeben. Beispiele für die Formulierung von Roboter-Verhalten durch dynamische Systeme geben Bergener et al. (1999), Bergener und Dahm (1997), Dahm und Bruckhoff (1998), Bruckhoff und Dahm (1998), Steinhage und Schöner (1997b) und Dose (1995).

3.2 Grundlagen dynamischer Systeme

An dieser Stelle erfolgt eine kurze Einführung in die Theorie dynamischer Systeme. Ausführlichere Darstellungen finden sich z. B. in Arrowsmith und Place (1994), Glendinning (1994), Verhulst (1990), Guckenheimer und Holmes (1983) und Unbehauen (1990). Eine kompaktere Einführung bietet Ballard (1997).

Ein dynamisches System lässt sich durch die Vektor-Gleichung

$$\frac{d\mathbf{x}(t)}{dt} = \hat{\mathbf{F}}(\mathbf{x}(t), \mathbf{p}(t), t) \tag{3.1}$$

beschreiben, bzw., da die in dieser Arbeit zu entwerfenden Kontrollstrukturen zeitinvariant sind, durch die Gleichung

$$\frac{d\mathbf{x}(t)}{dt} = \hat{\mathbf{F}}(\mathbf{x}(t), \mathbf{p}(t)) \ . \tag{3.2}$$

Dabei ist $\mathbf{x}(t) \in \mathbb{R}^n$ der n-dimensionale Zustandsvektor (vergleiche Ballard 1997, S. 95ff und Unbehauen 1990, S. 69ff), dessen Veränderung durch die nichtlineare Funktion $\hat{\mathbf{F}}(\mathbf{x}(t), \mathbf{p}(t))$ und den Vektor $\mathbf{p}(t) \in \mathbb{R}^m$ von m Eingangsfunktionen bestimmt wird. Gleichung (3.2) beschreibt also die Veränderung des Systems abhängig vom aktuellen Zustand und den Eingangsfunktionen. Entscheidend für das Verhalten der Zustandsvariablen ist daher der Anfangswert $\mathbf{x}(t=0)$ und der Verlauf der Funktion $\mathbf{p}(t)$.

Der Zustand des Systems, abhängig vom Startpunkt $\mathbf{x}(t=0)$ und der vergangenen Zeit t, ist gegeben durch den Fluss $\varphi(\mathbf{x}(t), \tau)$ mit

$$\frac{d}{dt}\varphi(\mathbf{x}, t) = \hat{\mathbf{F}}(\varphi(\mathbf{x}, t), \mathbf{p}(t)) \ . \tag{3.3}$$

und

$$\varphi(\mathbf{x}, 0) = \mathbf{x} \ . \tag{3.4}$$

Die Trajektorie durch einen Punkt $\mathbf{x}$ ist gegeben durch

$$\gamma(\mathbf{x}) = \bigcup_{t \in \mathbb{R}} \varphi(\mathbf{x}, t) \ , \tag{3.5}$$

also der Menge aller Punkte auf der Integralkurve durch $\mathbf{x}$.

Um das Verhalten der Gleichung (3.2) einfacher untersuchen zu können, wird im Folgenden gefordert, dass sich die Komponenten der Eingangsfunktion $\mathbf{p}(t)$ auf einer langsameren Zeitskala ändern, als der Zustandsvektor $\mathbf{x}$ selbst, und $\mathbf{p}(t)$ für Stabilitätsbetrachtungen als konstant angenommen werden kann. Da die Änderungsgeschwindigkeiten der Dynamiken beim Entwurf von Roboterverhalten zunächst frei gewählt werden können und die Zeitskalen der Eingangsfunktionen für die Einsatzorte des Roboters geschätzt werden können, ist diese Forderung hier immer erfüllbar.

Das allgemeine dynamische System vereinfacht sich dann zu dem autonomen Differentialgleichungssytem

$$\dot{\mathbf{x}} = \mathbf{F}(\mathbf{x}, \hat{\mathbf{p}}) \quad \text{mit} \ \dot{\mathbf{x}} = \frac{d\mathbf{x}}{dt} \ . \tag{3.6}$$

Ein nichtlineares Differentialgleichungsystem $\dot{\mathbf{x}} = \mathbf{F}(\mathbf{x}, \hat{\mathbf{p}})$ ist in der Regel nicht einfach zu lösen. Stattdessen genügt es meist, das Verhalten des Systems qualitativ durch die Lage der Fixpunkte und deren Eigenschaften zu beschreiben.

Ein Fixpunkt $\mathbf{x}^*$ ist gegeben durch

$$\mathbf{F}(\mathbf{x}^*, \hat{\mathbf{p}}) = \mathbf{0} \tag{3.7}$$

d. h., wenn das System einmal den Zustand $\mathbf{x} = \mathbf{x}^*$ eingenommen hat, wird es ihn nie mehr verlassen:

$$\mathbf{x}(0) = \mathbf{x}^* \Rightarrow \varphi(\mathbf{x}^*, t) = \mathbf{x}^* \ \forall \ t > 0 \tag{3.8}$$

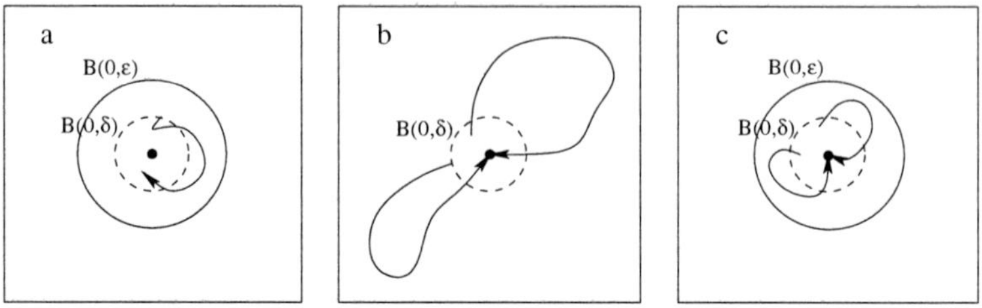

Abbildung 3.1: Definitionen von Stabilität ($B(0,\delta)$ und $B(0,\epsilon)$ sind die Mengen aller Punkte im Abstand δ bzw. ϵ vom Fixpunkt.) **a:** Ljapunow-Stabilität eines Fixpunktes $\mathbf{x} = 0$. Die Definition besagt, dass der Abstand zweier Bahnpunkte, die nah bei einander starten, klein bleibt. **b:** Quasi-asymptotische Stabilität. Der Abstand zweier Bahnpunkte, die nah beieinander starten, wird für $t \to \infty$ null. **c:** Asymptotische Stabilität. Sie vereint die Eigenschaften von Liapunov- und quasi-asymptotischer Stabilität.

Man unterscheidet drei Arten der Stabilität eines Punktes im Zustandsraum, abhängig vom Verhalten des Systems in seiner Nachbarschaft (Glendinning 1994):

Definition 1 *Ein Punkt* $\mathbf{x}$ *ist Ljapunow-stabil genau dann, wenn für alle* $\epsilon > 0$ *ein* $\delta > 0$ *existiert, so dass, falls* $|\mathbf{x} - \mathbf{y}| < \delta$*, gilt:*

$$|\varphi(\mathbf{x},t) - \varphi(\mathbf{y},t)| < \epsilon \;\; \forall \;\; t \geq 0$$

Definition 2 *Ein Punkt* $\mathbf{x}$ *ist quasi-asymptotisch stabil genau dann, wenn ein* $\delta > 0$ *existiert, so dass falls* $|\mathbf{x} - \mathbf{y}| < \delta$*, gilt:*

$$|\varphi(\mathbf{x},t) - \varphi(\mathbf{y},t)| \to 0 \;\; \textit{für} \;\; t \to \infty$$

Definition 3 *Ein Punkt ist asymptotisch stabil, wenn er Ljapunow-stabil und quasi-asymptotisch stabil ist.*

Die unterschiedlichen Arten von Stabilität werden schematisch in Abb. 3.1 veranschaulicht.

Die Stabilitätsanalyse von Fixpunkten nichtlinearer Gleichungssysteme basiert auf der Stabilitätstheorie linearer Systeme. Um das Verhalten des Systems in der Nähe des Fixpunktes $\mathbf{x}^*$ zu untersuchen, wird Gleichung (3.6) an dieser Stelle linearisiert. Dazu wird die Taylor-Reihe von $\mathbf{F}(\mathbf{x}, \hat{\mathbf{p}})$

$$\dot{\mathbf{x}}_0 + \triangle\dot{\mathbf{x}} = \mathbf{F}(\mathbf{x}_0, \hat{\mathbf{p}}) + \mathbf{F}'(\mathbf{x}_0, \hat{\mathbf{p}})\triangle\mathbf{x} + \mathbf{R}_2 \tag{3.9}$$

um den Punkt $\mathbf{x}_0 = \mathbf{x}^*$ entwickelt. Dabei ist $\mathbf{F}'(\mathbf{x}_0, \hat{\mathbf{p}})$ die Auswertung der Jacobi-Matrix von $\mathbf{F}(\mathbf{x}, \hat{\mathbf{p}})$ an der Stelle $\mathbf{x}_0$ mit

$$\mathbf{F}'(\mathbf{x}_0, \hat{\mathbf{p}}) = \left. \begin{pmatrix} \frac{\partial f_1}{\partial x_1} & \frac{\partial f_1}{\partial x_2} & \cdots & \frac{\partial f_1}{\partial x_n} \\ \frac{\partial f_2}{\partial x_1} & \ddots & & \vdots \\ \vdots & & \ddots & \vdots \\ \frac{\partial f_n}{\partial x_1} & \frac{\partial f_n}{\partial x_2} & \cdots & \frac{\partial f_n}{\partial x_n} \end{pmatrix} \right|_{\mathbf{x}_0} \tag{3.10}$$

und $\mathbf{R}_2$ steht für die Summe der Terme mit der Ordnung größer eins, die im Folgenden vernachlässigt werden sollen:

$$\triangle\dot{\mathbf{x}} = \mathbf{F}'(\mathbf{x}_0, \hat{\mathbf{p}})\triangle\mathbf{x} \tag{3.11}$$

Die Eigenwerte der Matrix $\mathbf{F}'(\mathbf{x}_0, \hat{\mathbf{p}})$ erlauben genau dann eine Klassifizierung des Fixpunktes $\mathbf{x}_0$, wenn dieser *hyperbolisch* ist:

Definition 4 *Ein Fixpunkt* $\mathbf{x}^*$ *heißt hyperbolisch, wenn kein Eigenwert der Matrix* $\mathbf{F}'(\mathbf{x}^*, \hat{\mathbf{p}})$ *gleich null ist.*

Für den Fall, dass ein Fixpunkt $\mathbf{x}^*$ hyperbolisch ist, gelten folgende Aussagen:

Satz 1 *Sind die Realteile aller Eigenwerte von* $\mathbf{F}'(\mathbf{x}^*, \hat{\mathbf{p}})$ *positiv, dann ist der Fixpunkt* $\mathbf{x}^*$ *instabil. Man bezeichnet* $\mathbf{x}^*$ *dann als instabilen Knoten oder Repellor.*

Satz 2 *Sind die Realteile aller Eigenwerte von* $\mathbf{F}'(\mathbf{x}^*, \hat{\mathbf{p}})$ *negativ, dann ist der Fixpunkt* $\mathbf{x}^*$ *stabil. Man bezeichnet* $\mathbf{x}^*$ *dann als stabilen Knoten oder Attraktor. Ist* $\mathbf{F}(\mathbf{x}, \hat{\mathbf{p}})$ *zudem stetig differenzierbar in* $\mathbf{x}$*, dann ist der Fixpunkt asymptotisch stabil.*

Satz 3 *Sind die Realteile der Eigenwerte von* $\mathbf{F}'(\mathbf{x}^*, \hat{\mathbf{p}})$ *teils negativ und teils positiv, dann ist der Fixpunkt* $\mathbf{x}^*$ *instabil. Man bezeichnet* $\mathbf{x}^*$ *dann als Sattelpunkt.*

Satz 4 *Ein Punkt* $\check{\mathbf{x}}$*, für den* $\mathbf{F}(\check{\mathbf{x}}, \hat{\mathbf{p}}) = \mathbf{0}$ *gilt, und für den mindestens ein Eigenwert von* $\mathbf{F}'(\mathbf{x}^*, \hat{\mathbf{p}})$ *null ist, wird als degenerierter kritischer Punkt bezeichnet.*

Eine wichtige weitere Eigenschaft von hyperbolischen Fixpunkten ist, dass sie *lokal strukturell stabil* sind. Das heißt, dass kleine Veränderungen der Elemente der Matrix $\mathbf{F}'(\mathbf{x}^*, \hat{\mathbf{p}})$ den Typ des Fixpunktes nicht beeinflussen und die Flüsse des ungestörten und des gestörten Systems in der Nähe von $\mathbf{x}^*$ *topologisch äquivalent* sind. Es kann gezeigt werden, dass die Verschiebung des Fixpunktes durch ausreichend kleine Störungen ebenfalls beliebig klein bleibt. Für exakte Definitionen von lokal struktureller Stabilität und topologischer Äquivalenz sei auf Glendinning (1994) und Arrowsmith und Place (1994) verwiesen.

Die Lage der Fixpunkte eines dynamischen Systems gemäß Gleichung (3.6) und deren Eigenschaften werden in der Regel maßgeblich durch die Parameter $\hat{\mathbf{p}}$ bestimmt. Wenn sich das Verhalten des Systems durch Variation von $\hat{\mathbf{p}}$ qualitativ ändert, spricht man von einer

Bifurkation. Werte $\hat{\mathbf{p}}_0$ von $\hat{\mathbf{p}}$, an denen sich das Verhalten von (3.6) qualitativ ändert, werden als Bifurkationspunkte bezeichnet. Voraussetzung dafür, dass das System am Punkt $\mathbf{x} = \mathbf{x}^*$ für den Parametervektor $\hat{\mathbf{p}}_0$ bifurkiert ist, dass der Fixpunkt $\mathbf{x}^*$ nicht hyperbolisch ist, also mindestens ein Eigenwert der Matrix $\mathbf{F}'(\mathbf{x}_0, \hat{\mathbf{p}}_0)$ null wird. Bifurkationspunkte sind also stets degenerierte kritische Punkte.

Beispiel

Als Beispiel für ein bifurkierendes nichtlineares Differentialgleichungssystem sei folgendes dynamisches System gegeben (aus Arrowsmith und Place 1994):

$$\dot{x} = f(x,p) = px - x^2 \quad \text{mit} \quad p \in \mathbb{R} \tag{3.12}$$

Die Fixpunkte liegen bei $x_1^* = 0$ und $x_2^* = p$. Aus

$$\frac{df(x,p)}{dx} = p - 2x$$

ergibt sich, dass beide Fixpunkte für $p \neq 0$ hyperbolisch sind. Unter dieser Bedingung ist wegen $f'(x_1^*, p) = p$ der Fixpunkt x_1^* für $p < 0$ stabil und für $p > 0$ instabil. Der Fixpunkt x_2^* ist wegen $f'(x_1^*, p) = -p$ für $p > 0$ stabil und für $p < 0$ instabil.

Für $p = 0$ existiert nur der Fixpunkt $x^* = 0$, der wegen

$$\frac{df(x,p)}{dx}|_{x=0,p=0} = 0$$

nicht hyperbolisch ist. Das System besitzt also einen Bifurkationspunkt $p_0 = 0$. Abbildung 3.2 zeigt das Bifurkationsdiagramm und die Phasenportraits in der (x,p)-Ebene.

3.3 Beschreibung von Roboter-Verhalten durch dynamische Systeme

Der in Abschnitt 3.1 vorgestellte dynamische Ansatz zur Verhaltensgenerierung ist in den vergangenen Jahren im Bereich der Robotik in vielen Arbeiten mit Erfolg eingesetzt worden (Steinhage und Schöner 1997b, Dahm und Bruckhoff 1998, Dahm, Bruckhoff und Joublin 1998, Neven, Steinhage, Giese und Bruckhoff 1996). In diesem Kapitel soll ein Formalismus entwickelt werden, in den sich die unterschiedlichen Arbeiten einordnen lassen und der als Basis für den Entwurf einer Kontrollarchitektur dient. Während in den angegebenen Veröffentlichungen isolierte Kontrollstrategien für einzelne Aktuatoren entwickelt werden, soll das zu entwerfende Schema besonders die parallele Kontrolle mehrerer Effektoren und die Wechselwirkung unterschiedlicher Teilsysteme berücksichtigen.

Für jede entkoppelte oder schwach gekoppelte Gruppe von Effektoren des Roboters und jede zu erzeugende Verhaltensleistung wird ein dynamisches System i erstellt. Der Index

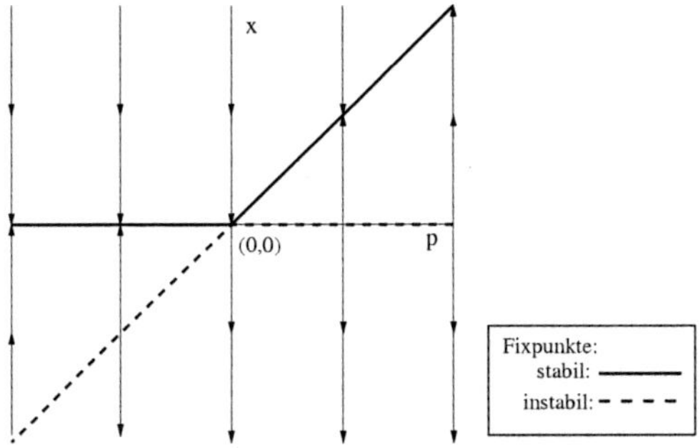

Abbildung 3.2: Bifurkationsdiagramm (Auftragung und Charakterisierung der Fixpunkte $x^*_{1,2}$ über p) und Phasenportraits (Darstellung der Fixpunktstruktur im Phasenraum) zu Gleichung (3.12).

i dient im folgenden zur Referenzierung eines einzelnen so genannten Elementarverhaltens E_i. Dabei sei $\mathbf{g}_i$ der Zustandsvektor des Elementarverhaltens E_i. Seine Dimension wird so gewählt, dass $\mathbf{g}_i$ alle relevanten internen Zustände des Verhaltens repräsentieren kann.

Die Eingabefunktionen eines Elementarverhaltens werden als Datenströme oder Stimuli verstanden und entsprechend ihrer Quelle indiziert. Ein Verhaltensmodul E_i empfängt also eine Menge von Eingabestimuli $\{I_{i,1} \dots I_{i,k}\}$. Die eigentliche Dynamik eines Elementarverhaltens E_i kann dann durch folgendes Differentialgleichungssystem beschrieben werden:

$$\dot{\mathbf{g}}_\mathbf{i} = \mathbf{T}_i(\mathbf{g}_\mathbf{i}, I_{i,1}(t), \dots, I_{i,k}(t)) \tag{3.13}$$

Dessen Attraktoren werden gemäß dem *Dynamischen Ansatz zur Verhaltensgenerierung* so gewählt, dass sie die gewünschten Zustände des Systems im Zustandsraum repräsentieren. Andererseits werden Orte im Zustandsraum, die das System nicht annehmen soll, mit Repelloren belegt. Die Positionen der Attraktoren und Repelloren werden durch die Eingangsfunktionen $I_{i,1}(t), \dots, I_{i,k}(t)$ bestimmt. Sie bewegen sich mit sich verändernden $I_{i,1}(t), \dots, I_{i,k}(t)$ nur eben so schnell, dass der Zustand $\mathbf{g}_i(t)$ sich stets in der Nähe eines Attraktors befindet[1].

Jedem Elementarverhalten E_i wird eine Menge von Ausgangsfunktionen $O_{i,1}(t), \dots, O_{i,m}(t)$ zugeordnet, durch die es die Aktuatoren oder andere Verhalten beeinflussen kann. Ein Satz von Funktionen $U_{i,j}$ bildet den internen Zustand des Elementarverhaltens E_i auf die Ausgangsfunktionen $O_{i,j}$ ab.

Um die Verhaltensorganisation einer Menge von Elementarverhalten durch ein kompetitives Schema zu ermöglichen, wird jedem Verhalten i einen Aktivitätswert $n_i \in [-1, 1]$

[1] Steinhage (1997) diskutiert ein Beispiel für bewegliche Attraktoren.

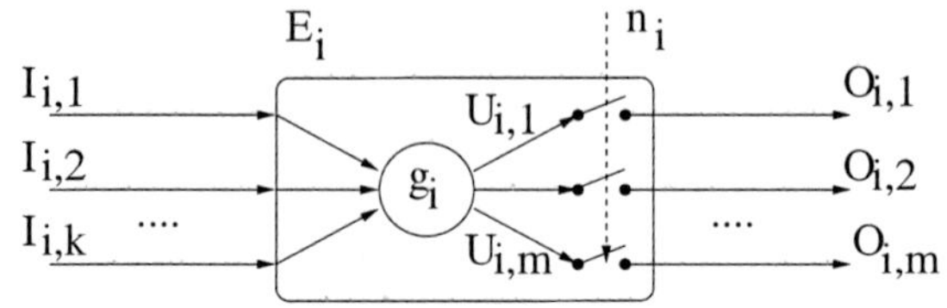

Abbildung 3.3: Ein Elementarverhalten E_i wird durch einen Vektor von Eingangsstimuli $\mathbf{I}_i$, eine interne Dynamik des Zustandsvektors $\mathbf{g}_i$, einen Aktivitätswert n_i und deren Abbildung $U_i(\mathbf{g}_i)$ auf den Ausgangs-Vektor $\mathbf{O}_i$ beschrieben.

zugeordnet. Eine Aktivität $|n_i| = 0$ bedeutet, dass das Verhalten zur Zeit nicht aktiv ist und keine Ausgabedaten erzeugt, während es für $|n_i| > 0$ aktiv ist und einen Stimulus auf die angeschlossenen Effektoren und Verhalten ausübt. Die Stärke des Stimulus kann dabei proportional zur Aktivität des Verhaltens sein, oder abhängig von einem Schwellwert s_n, $0 < s_n < 1$, geschaltet werden:

$$O_{i,j}(t) = \begin{cases} 0 & \text{falls } |n_i| < s_n \\ U_{i,j}(\mathbf{g}_\mathrm{i}) & \text{sonst} \end{cases} \quad i,j = 0\ldots m \tag{3.14}$$

Bei der Vernetzung mehrerer Elementarverhalten bzw. der Verbindung mit Sensoren und Aktuatoren werden die Eingangs- und Ausgangsfunktionen einander paarweise zugeordnet:

$$\forall i,j \text{ und } O_{i,j}(t) \ \exists \ r,s \text{ und } I_{r,s}(t) \text{ mit } I_{r,s}(t) = O_{i,j}(t) \tag{3.15}$$

Abbildung 3.3 zeigt schematisch ein isoliertes Elementarverhalten.

Beispiel

Als Beispiel für einen einfachen autonomen Roboter soll hier das Braitenberg-Vehikel *3c* nach Braitenberg (1984) mit dem entwickelten Formalismus modelliert werden. *3c* ist ein zweirädriges Fahrzeug mit zwei Photosensoren, dessen Bauelemente so verschaltet sind, dass es auf Lichtquellen zusteuert (siehe Abb. 3.4). Das Fahrzeug *3c* soll durch das nachfolgend beschriebene Elementarverhalten mit dem Index 1 und einem entsprechenden dynamischen System imitiert werden. Die Eingangsfunktionen seien durch die Signale der Photosensoren gegeben.

$$\begin{aligned} I_{1,1}(t) &= \text{Signal des linken Photosensors} \\ I_{1,2}(t) &= \text{Signal des rechten Photosensors} \end{aligned}$$

Der Zustandsvektor des Verhaltens repräsentiert die Orientierung des Fahrzeugs und seine Geschwindigkeit:

$$\mathbf{g}_1 = \begin{pmatrix} g_{1,1} \\ g_{1,2} \end{pmatrix} = \begin{pmatrix} \varphi \\ v \end{pmatrix}$$

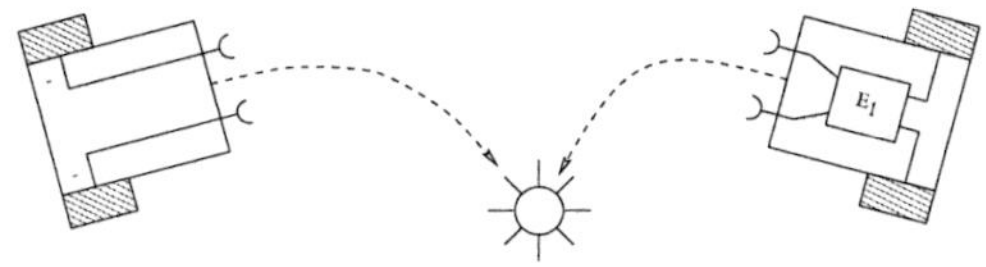

Abbildung 3.4: Das Braitenberg-Vehikel *3c* (links) realisiert Phototaxis durch eine hemmende Verschaltung der Photosensoren in der Front des Fahrzeugs mit den Antriebsrädern. Das Fahrzeug rechts zeigt ein identisches Verhalten, realisiert durch ein dynamisches System.

Die Dynamik des Fahrzeugs wird so gewählt, dass es auf die Lichtquelle zusteuert und in ihrer Nähe die Geschwindigkeit verringert:

$$\begin{aligned} \dot{g}_{1,1} = \dot{\varphi} &= c_1(I_{1,1} - I_{1,2}) \\ \dot{g}_{1,2} = \dot{v} &= c_2(1 - \tanh(c_3(I_{1,1} + I_{1,2})) - g_{1,2}) \end{aligned}$$

Die Ausgangsfunktionen stellen die Verbindungen zu den Motoren dar.

$$\begin{aligned} O_{1,1}(t) &= \text{Steuersignal des linken Motors} \\ O_{1,2}(t) &= \text{Steuersignal des rechten Motors} \end{aligned}$$

Die Phototaxis-Dynamik wird dann durch

$$\begin{aligned} U_{1,1}(\mathbf{g_1}) = g_{1,2} - \tfrac{1}{d}\angle(\hat{\varphi}(t), g_{1,1}) \\ U_{1,2}(\mathbf{g_1}) = g_{1,2} + \tfrac{1}{d}\angle(\hat{\varphi}(t), g_{1,1}) \end{aligned}$$

auf die Aktuatoren abgebildet. Dabei sei $\hat{\varphi}(t)$ die odometrisch geschätzte aktuelle Orientierung des Roboters, d der Abstand der Räder und $\angle(\hat{\varphi}(t), g_{1,1})$ der Differenzwinkel im Intervall $[-\pi, \pi]$.

Der Roboter wird für eine Aktivität $n_i = 0$ stillstehen und für $|n_i| > 0$ auf Lichtquellen in seiner Umgebung zufahren. Sein Verhalten ist durch die Differentialgleichung für $\mathbf{g}_1$ exakt beschrieben und analysierbar. Die Konstanten $c_1 \dots c_3$ können so justiert werden, dass der Roboter seine Aufgabe geeignet löst.

Nachdem nun die Grundlagen dynamischer Systeme und ein Formalismus für die Beschreibung von Roboter-Verhalten durch dynamische Systeme angegeben wurden, wird im folgenden Kapitel eine Verhaltensorganisation für nach diesem Muster entworfene Verhalten entwickelt. Ausgehend von dem Vorbild biologischer Verhaltensorganisation wird schrittweise ein System mit ähnlichen Eigenschaften für autonome Roboter erstellt.

4 Verhaltensorganisation

4.1 Organisation von Verhalten in biologischen Systemen

4.1.1 Einleitung

Obwohl es selten explizit gesagt wird, ist das Vorbild und das Maß für autonome technische Systeme der Mensch. Seine Fähigkeit, komplexe Vorgänge zu verstehen und Probleme zu lösen, gilt als Fernziel der Entwicklung intelligenter Roboter. Dabei ist der Mensch als Studienobjekt kaum geeignet. Er besitzt schon sehr früh relativ viel Wissen über seine Umwelt und seine Entscheidungen sind von viel zu vielen Einflüssen gesteuert, als dass sich Erkenntnisse über seine psychischen Vorgänge konstruktiv zur Entwicklung eines technischen Systems nutzen ließen. Das Verhalten von Tieren ist weniger komplex, ihre Autonomieleistungen sind aber denen autonomer Roboter immer noch weit überlegen. Verglichen mit den Anforderungen, die die Natur an ein Tier stellt, das sich in seinem Lebensraum Nahrung suchen muss, vor Jägern flieht, Nachkommen zeugt und aufzieht, ist die von einem autonomen Roboter geforderte Leistung eher gering. Dabei kommt neben den physischen Eigenschaften des Tieres seiner Informationsverarbeitung eine enorme Bedeutung zu.

Aus den Standardwerken der Ethologie (Gould 1982, Sossinka 1981) und der Neuroethologie (Bischof 1989) lassen sich mehrere Prinzipien biologischer Verhaltensorganisation ableiten, die für die Konstruktion eines technischen autonomen Systems nutzbar sind. Es soll daher in den folgenden Abschnitten eine kurze Einführung in die Grundlagen der Verhaltenslehre gegeben werden.

4.1.2 Grundlagen des Verhaltens: Verhaltenselemente und Verhaltensmuster

Als unterste funktionale Einheit tierischen Verhaltens nennt die Ethologie die so genannten Verhaltenselemente oder Motorprogramme. Sie kontrollieren einfache Bewegungsabläufe einzelner Gliedmaße. Verhaltenselemente besitzen oft eine Kopplung an einen Sensor, so dass der Übergang von einer Bewegungssteuerung zu einer Bewegungsregelung gemacht werden kann. Man spricht dann von einer *taxischen Komponente* oder *Taxis* (Sossinka 1981).

Die fest „programmierte“ Verkettung mehrerer Verhaltenselemente wird als Verhaltensmuster (im englischen sprachraum als *Fixed Action Pattern, FAP*, siehe Gould 1982) bezeichnet. Es handelt sich dabei um angeborene Aktionsfolgen, die von dem Tier weder modifiziert noch abgebrochen werden können.

Das bekannteste Beispiel hierfür ist das Verhalten der Graugans, die mit ihrem Schnabel ein Ei ins Nest zurückrollt (Gould und Grant Gould 1997). Es beinhaltet die Laufbewegung der Gans ebenso wie das Balancieren des Eies vor dem Schnabel als taxische Komponente. Wurde dieses Bewegungsmuster einmal gestartet, kann die Gans den Ablauf nicht mehr stoppen, bis sie das Nest erreicht hat, selbst dann nicht, wenn das Ei zwischenzeitlich entfernt wurde.

Verhaltenselemente und Verhaltensmuster bilden eine extrem robuste Basis für alle komplexen Verhalten. Sie sind stets angeboren und bei Tieren einer Gattung absolut identisch.

Für die Auswahl eines Verhaltenselementes oder eines Vehaltensmusters in Abhängigkeit von der Umweltsituation ist ein so genannter *Kontext* oder *Auslöser* (*innate releasing mechanism, IRM*) notwendig. Für jedes Verhaltenselement wird dazu eine Klassifikation der Umweltsituation geleistet, die die entsprechende Aktion entweder auslöst oder unterbindet. Für das Rückroll-Verhalten der Graugans ist z. B. die Erkennung eines rundlichen Objektes in der Nähe des Nestes der auslösende Reiz. Die Anzahl der sich im Nest befindlichen Eier und damit die Frage, ob überhaupt ein Ei fehlt, spielt hingegen keine Rolle. Interessant ist hier, dass die komplexe Leistung, ein Ei auf dem Boden zwischen Gras und Steinen zu erkennen, zu einem einfachen Trigger-Signal abstrahiert wird.

Nach dem Modell von Tinbergen (1952) bilden die Verhaltenselemente die unterste Ebene in einer Hierarchie von *Instinktzentren*. Verhalten eines Komplexitätsgrades sind dort in Ebenen angeordnet und können Verhalten der nächst niedrigeren Ebene aktivieren, vorausgesetzt es wurde der benötigte Auslöser gefunden. Instinktzentren bündeln damit die Elemente der darunterliegenden Ebene zu funktionalen Blöcken.

Zum Auffinden dieser auslösenden Situation dienen so genannte *Appetenzverhalten*. Ein Appetenzverhalten wird aktiviert, um die reizauslösende Situation eines Instinktzentrums herbeizuführen. So wird z. B. beim Stichling dem Kampf-Instinkt das Appetenzverhalten zum Aufsuchen eines Rivalen zugeordnet. In der nächst niedrigeren Ebene aktiviert der Kampf-Instinkt die Verhalten Verfolgung, Biss und Imponieren, die ihrerseits wiederum bestimmte Motor-Schemata aktivieren. Appetenz-Verhalten sind oft so angelegt, dass über mehrere Stufen ein Endverhalten angestrebt wird (Abb. 4.1).

Die generelle Bereitschaft, untergeordnete Verhalten anzustoßen, wird durch Motivationen gesteuert. Diese werden wie Aktivierungsenergien durch die Ebenen der Verhaltenshierarchie abwärts geleitet und hängen meist von Innenreizen wie Hunger oder Müdigkeit oder von Hormonen ab. Die Endverhalten bewirken einen Abbau der Motivation in der Art, dass sie z. B. den Hunger stillen, Aggression abbauen etc.

4.1.3 Zusammenfassung der Prinzipien

Aus der kurzen Darstellung biologischer Verhaltensorganisation lassen sich nun einige Prinzipien ableiten, die als Ursache für die vorbildliche Robustheit und den hohen Grad der

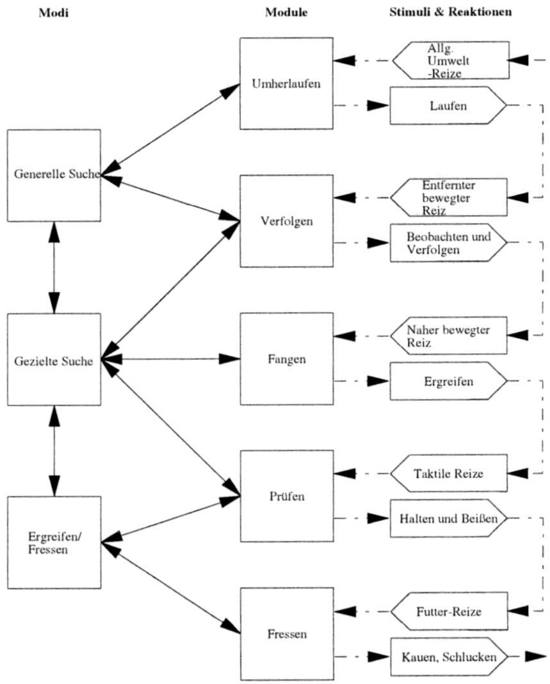

Abbildung 4.1: Modellierung des Fress-Verhaltens der Ratte nach Timberlake und Silva (1995) durch eine Hierarchie aus Modi (Instinktzentren höherer Ordnung), Modulen (Verhaltenselementen) und Reiz-Reaktions-Paaren. Folgt man der gestrichelten Linie von oben nach unten, ergibt sich die Aktionskette des Jagd- und Fress-Verhalten, vorausgesetzt alle auslösenden Reize treten ein.

Autonomie tierischen Verhaltens angesehen werden können.

- Die Basisfähigkeiten eines Systems werden modular angelegt. Die Flexibilität entsteht durch die Kopplung festgelegter Elemente, die in der Regel über die Wahrnehmung der Umwelt rückgekoppelt werden (Taxis im biologischen bzw. Regelung im technischen Sprachgebrauch).

- Die komplexe Perzeption des Systems wird so abstrahiert, dass jedem Basisverhalten ein „binärer" Verhaltenskontext oder Auslöser zugeordnet wird. Dessen Aktivierung ist notwendige Bedingung für die Auswahl des Verhaltens. Dadurch wird auf der Ebe-

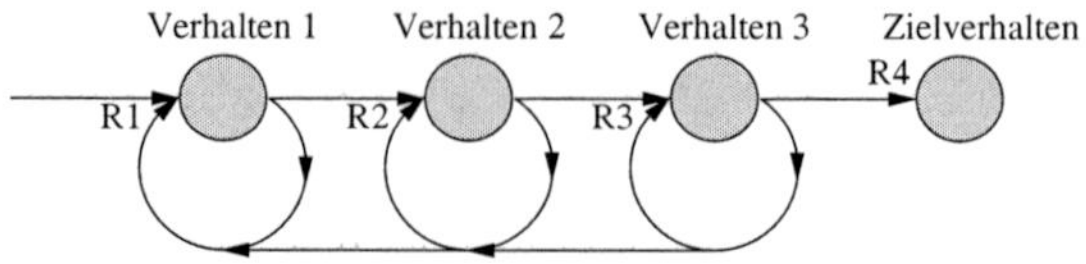

Abbildung 4.2: Appetenzkette: Jedes Einzelverhalten versucht, die reizauslösende Situation (R1 bis R4) des folgenden Verhaltens zu erzeugen. Gelingt das nicht, wird ein entsprechender Rückschritt in der Verhaltenskette gemacht. Die reizauslösende Situation für das Verhalten 1 ist oft ein „Null-Reiz", d. h. dass dieses Verhalten keinen äußeren Stimulus benötigt.

ne der Verhaltensorganisation eine schmale und einheitliche Schnittstelle zur Sensorik des Systems zur Verfügung gestellt.

- Eine hierarchische Anordnung gliedert die Systemelemente in mehrere Ebenen. Von Ebene zu Ebene steigt die Komplexität der Verhalten von der Ansteuerung einzelner Aktuatoren bis hin zu übergeordneten abstrakten Zielen.

  Innerhalb einer Hierarchie-Ebene sind die Elemente funktional gruppiert und einem Element der nächst höheren Ebene zugeordnet. Verhaltenselemente innerhalb einer Gruppe sind durch Appetenzketten verbunden oder bilden alternative Verhalten für einen Verhaltensmodus. Motivationen aktivieren Teile dieser baumartigen Struktur abhängig von übergeordneten Zielen des Gesamtsystems.

- Das Prinzip der Rückkopplung wird auf mehreren Stufen dazu verwendet, trotz äußerer Störungen unterschiedliche übergeordnete Ziele zu realisieren. Auf der untersten Stufe der Verhaltenselemente mit taxischen Komponenten handelt es sich um Regelungen im klassischen Sinne.

  Auf der Ebene der übergeordneten Instinkt- und der Appetenzverhalten wird die Anwendung von Verhalten über ihre Kontexte rückgekoppelt: Ketten von Verhalten werden regressiv angelegt, so dass das System, sich selbst korrigierend, ein Endverhalten anstrebt (siehe Abb. 4.2).

  Auf einer dritten Stufe der Rückkopplung arbeitet das System der Motivationen. Es basiert auf dem Abbau der Innenreize durch die Endverhalten, die solange motiviert werden, bis der jeweilige Antrieb vollkommen abgebaut wurde[1].

- Es existiert ein einheitliches Prinzip der Informationsverarbeitung. Auf allen Ebenen der Verhaltensorganisation sowie in den sensorischen und aktuatorischen Kom-

[1]Der Wiederaufbau von Motivation geschieht in der Biologie dabei durch äußere Einflüsse wie Temperatur und Helligkeit, innere Faktoren wie z. B. den Blutzuckerspiegel oder kontinuierlichen Aufbau von Hormonen für zyklische Abläufe.

ponenten werden in einer konnektionistischen Struktur (Ballard 1997) kontinuierliche Stimuli übertragen, die andere Elemente aktivieren oder hemmen.

Einige der Prinzipien lassen sich sofort in den in Kapitel 2 vorgestellten Roboter-Architekturen wiederfinden. Dazu gehört z. B. die Modularität der Basisfähigkeiten und die Bildung einer Hierarchie von Kontrollebenen. Das offenbar mächtigste Prinzip der biologischen Verhaltensorganisation, das Prinzip der mehrstufigen Rückkopplung, wird jedoch in keinem Ansatz adäquat umgesetzt.

Im nachfolgenden Abschnitt soll versucht werden, basierend auf dem mathematischen Rahmen nichtlinearer dynamischer Systeme, eine Roboterarchitektur zu entwickeln, die die erfolgreichen biologischen Prinzipien in einem technischen System umsetzt.

4.2 Entwicklung einer Verhaltensorganisation mit dynamischen Systemen

Die Elemente zur Kontrolle eines autonomen Roboters mit vielen Freiheitsgraden nach dem dynamischen Ansatz zur Verhaltensgenerierung lassen sich funktional in zwei Kategorien gliedern:

1. Die Elementarverhalten, die die Aktuatoren in Abhängigkeit von empfangenen Sensordaten und einer internen Dynamik treiben (siehe Abschnitt 3.3).

2. Die Struktur, die die Koordination dieser Elementarverhalten leistet und Aktionen zu Sequenzen ordnet, durch die komplexe Aufgaben gelöst werden (siehe Kapitel 2).

In diesem Abschnitt wird schrittweise eine Lösung für den zweiten Punkt, also ein System zur Verhaltensorganisation, entwickelt. Dabei wird eine Menge von Elementarverhalten (wie in Abschnitt 3.3 beschrieben) als gegeben angenommen, die durch einen zentralen Arbitrator verwaltet wird. Die Kontrollstruktur wird durch ein System von nichtlinearen Differentialgleichungen beschrieben. Dabei sollen die erfolgreichen Prinzipien biologischer Verhaltensorganisation so weit wie möglich auf das technische System übertragen werden.

Der dynamische Ansatz zur Robotik als theoretischer Rahmen eröffnet hier gegenüber den aus der Literatur bekannten Formalismen folgende Vorteile:

- Durch die Verwendung von nichtlinearen Differentialgleichungen lässt sich die Verhaltensauswahl als zeitkontinuierlich rückgekoppelter Prozess darstellen. Entscheidungen werden stabilisiert, da die Übergänge zwischen Aktivitätsmustern auf festgelegten Zeitskalen ablaufen. Sie werden robust gegen den Einfluss von Sensor-Rauschen und Fehlperzeptionen. Oszillationen können wirkungsvoll unterdrückt werden.

- Ein kompetitives Schema zur Auswahl aktiver Verhalten kann in geschlossener Form dargestellt werden.

- Das System kann inhärent zeitbezogen formuliert werden. Der Bezug zu den Zeitskalen der Elementarverhalten und einem übergeordneten Motivationsschema ist damit stets vorhanden.
- Das gesamte Schemas zur Verhaltensorganisation lässt sich äußerst kompakt darstellen. Die Erweiterung um neue Verhalten erfordert keine Änderung am Kern des Schemas, es erhöht nur die Dimensionalität des zu erstellenden Differentialgleichungssystems.
- Durch die Verwendung instanziierter Dynamiken ist solch ein Schema durch Regeln beschreib- und konfigurierbar.
- Zum Entwurf der Verhaltensarchitektur und der Elementarverhalten wird eine einheitliche Sprache verwendet.
- Stabilität ist analytisch nachweisbar.

Das zu entwickelnde Schema grenzt sich damit auch in formaler Hinsicht stark von den in Abschnitt 2 vorgestellten Verfahren ab.

4.2.1 Dynamik der Verhaltensaktivität

Die Menge der zu kontrollierenden Elementarverhalten sei $\{E_1,\dots,E_m\}$. Der Zugriff des Arbitrierungsmechanismus auf die Verhalten beschränkt sich auf die Aktivierungen $n_1,\dots,n_m$, d. h. er bestimmt die Wirkung eines Verhaltens auf dessen Ausgänge.

Die Aktivität n_i eines Elementarverhaltens E_i, $0 \leq i \leq m$, ist ein kontinuierlicher Wert im Intervall $[-1,1]$. Die Wirkung von E_i auf die Effektoren ist abhängig von $|n_i|$, wie in Abschnitt 3.3 beschrieben.

Für jede Variable n_i wird eine nichtlineare Differentialgleichung so angesetzt, dass sich in Abhängigkeit von einem Kontrollparameter α_i eine Bistabilität mit den stabilen Fixpunkten $n_i{}^{*(1)} = 0$ (für den inaktiven Zustand) und $n_i{}^{*(2,3)} = \pm 1$ (für den aktivierten Zustand) ergibt:

$$\tau_n \dot{n}_i = \alpha_i n_i - |\alpha_i| n_i^3 + \xi_t \tag{4.1}$$

Dabei bezeichnet ξ_t einen mittelwertfreien stetigen Rauschterm (z. B. Wiener Prozess) mit kleiner Amplitude, der das System aus instabilen Fixpunkten stößt.

Das Verhalten der Gleichung $\tau_n \dot{n}_i = \alpha_i n_i - |\alpha_i| n_i^3 = f(n_i)$ soll genauer betrachtet werden: Die Nullstellen von$f(n_i)$ sind $n_i^{*(1)} = 0$ und $n_i^{*(2,3)} = \pm 1$. Die Ableitung von $f(n_i)$ nach n_i ist

$$\frac{d\, f(n_i)}{d\, n_i} = \alpha_i - 3|\alpha_i| n_i^2 \ .$$

Für den Fixpunkt $n_i^{*(1)}$ gilt

$$\frac{d\, f(n_i)}{d\, n_i}(n_i^{*(1)}) = \alpha_i \ .$$

Damit ist der Fixpunkt $n_i^{*(1)} = 0$ für $\alpha_i > 0$ instabil und für $\alpha_i < 0$ stabil.
Der Fixpunkt $n_i^{*(2,3)} = \pm 1$ existiert nur für $\alpha_i > 0$, es gilt dann

$$\frac{d\, f(n_i)}{d\, n_i}(n_i^{*(2,3)}) = \alpha_i - 3|\alpha_i| = -3\alpha_i < 0 \ .$$

Damit ist er stabil für alle $\alpha_i > 0$. Die Gleichung bifurkiert an der Stelle $\alpha_i = 0$, da

$$\frac{d\, f(n_i)}{d\, n_i} = \alpha_i - 3|\alpha_i| n_i^2 = 0 \ \text{ für } \ \alpha_i = 0 \ .$$

Abbildungen 4.3 und 4.4 zeigen den Phasenplot und das Bifurkationsdiagramm der Gleichung (4.1). Die Dynamik der Aktivierungsvariablen n_i besitzt damit zwei qualitativ unterschiedliche Zustände zur Aktivierung und Deaktivierung eines Verhaltens abhängig von den Kontrollparametern α_i: Für $\alpha_i > 0$ bewegt sich n_i auf der Zeitskala τ_n in einen der Fixpunkte $n_i^{*(2,3)} = \pm 1$, das Verhalten i wird somit aktiviert. Für $\alpha_i < 0$ läuft n_i in den Fixpunkt $n_i^{*(1)} = 0$ und das Verhalten i wird deaktiviert.

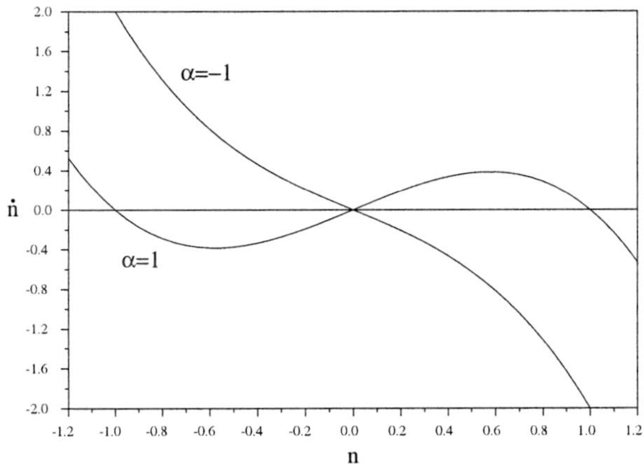

Abbildung 4.3: Phasenplot ($\dot{n}$ aufgetragen über n) zu Gleichung (4.1).

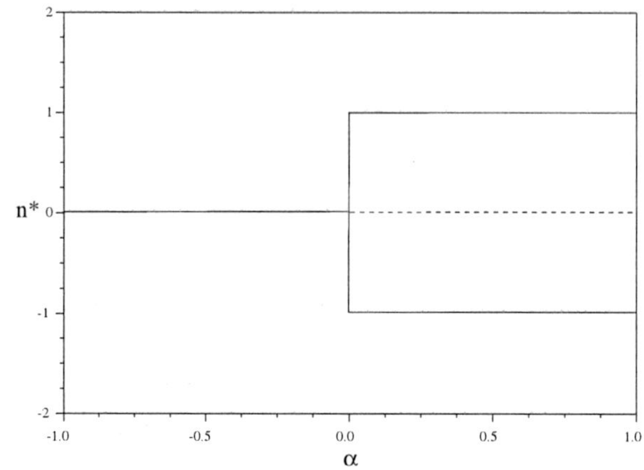

Abbildung 4.4: Bifurkationsdiagramm zu Gleichung (4.1). Durchgezogene Linien geben stabile Fixpunkte an. Die gestrichelte Linie bezeichnet den instabilen Fixpunkt.

4.2.2 Kompetition der Verhalten

Zur kompetitiven Organisation der Elementarverhalten wird Gleichung (4.1) folgendermaßen erweitert:

$$\tau_n \dot{n}_i = \alpha_i n_i - |\alpha_i| n_i^3 - \sum_j \gamma_{i,j} n_j^2 n_i + \xi_t, \quad 0 \leq i \leq m \tag{4.2}$$

Mit dem Summenterm wird eine Wechselwirkung zwischen den Aktivierungsvariablen n_i eingeführt, die von den Einträgen einer Kompetitionsmatrix $\gamma \in \{0,1\}^{m \times m}$ abhängt: Ein Eintrag $\gamma_{i,k} = 1$ bewirkt, dass das Verhalten E_i nur dann aktiviert werden kann, wenn das Verhalten E_k augenblicklich nicht aktiviert ist ($n_k^2 \ll 1$), oder genauer:

n_i kann genau dann den stabilen Fixpunkt $n_i^{*(2,3)} = \pm 1$ annehmen, wenn $\alpha_i > 0$ und für alle j mit $\gamma_{i,j} = 1$ gilt $|n_j| \approx 0$.

Wie in Dose (1995) für eine ähnliche Gleichung in zwei Dimensionen gezeigt wird, existieren für gegenseitige Hemmung zweier Gleichungen ($\gamma_{i,j} = \gamma_{j,i} = 1$) zwei weitere stabile Fixpunkte $n_i^{*(3,4)}$ mit $0 < n_i^{*(3,4)} < 1$.

Für einige einfache Einschränkungen, die die Anwendung des kompetitiven Schemas in der Verhaltensorganisation nicht einschränken, wird nachfolgend gezeigt, dass für jedes n_i mit $1 \leq i \leq m$ nur die Fixpunkte $n_i^{*(1)} = 0$ und $n_i^{*(2,3)} = \pm 1$ existieren:

1. Kein Elementarverhalten hemmt sich selbst, d. h.

$$\gamma_{i,i} = 0 \,\forall\, i \ .$$

2. Die Matrix γ erzeugt keine zyklische Hemmung der Elementarverhalten. Dies ist Voraussetzung für eine hierarchische Ordnung der Verhalten und ist gegeben, falls

$$\gamma^m = \mathbf{0}$$

gilt, d. h. falls die m-malige Multiplikation von γ mit sich selbst die Null-Matrix ergibt.

3. Die Parameter α_i, $1 \leq i \leq m$ werden auf das Intervall $]-1,1[$ beschränkt:

$$-1 < \alpha_i < 1 \,\forall\, i$$

Die zweite Bedingung bedeutet, dass z. B. für die Verhalten E_a, E_b, E_c, E_d ein Zyklus $\gamma_{a,b} = \gamma_{b,c} = \ldots = \gamma_{d,a} = 1$ nicht existieren darf.

Unter diesen Voraussetzungen lässt sich die Stabilität für ein System mit m Elementarverhalten

$$\tau_n \dot{n}_i = \alpha_i n_i - |\alpha_i| n_i^3 - \sum_j \gamma_{i,j} n_j^2 n_i, \quad 0 \leq i \leq m, m \in \mathbb{Z}$$

zeigen: Wenn obige Bedingung für γ gilt, dann lassen sich die Elementarverhalten hierarchisch in maximal m Ebenen ordnen. Die Aufteilung der Elementarverhalten auf die Ebenen geschieht dabei so, dass nur Kompetitionen gegen Verhalten tieferer Ebenen erlaubt sind (Abb. 4.5). Für die Verhalten der obersten Ebene existieren damit keine Hemmungen. Für sie gilt die Stabilitätsbetrachtung gemäß Abschnitt 4.2.1. Ihre n-Dynamik besitzt nur die bekannten Fixpunkte $n_i^{*(1)} = 0$ und $n_i^{*(2,3)} = \pm 1$ und ist unabhängig vom Zustand der übrigen n-Elemente.

Für ein Elementarverhalten i der zweiten Ebene lässt sich folgende Betrachtung anstellen: Alle hemmenden Verhalten gehören zur obersten Ebene. Der Summenterm in Gleichung (4.1) wird entweder den Wert 0 annehmen, d. h. keines der hemmenden Verhalten j mit $\gamma_{i,j} = 1$ ist aktiv ($n_j^2 \ll 1$), die Stabilitätsbetrachtung verläuft dann wieder wie oben, oder mindestens ein hemmendes Verhalten ist im stationären Punkt $(n_j^*)^2 = 1$, d. h. es gilt

$$\sum_j \gamma_{i,j} n_j^2 = c \geq 1 \ .$$

Gleichung (4.2) lässt sich dann folgendermaßen schreiben:

$$\tau_n \dot{n}_i = f(n_i) = (\alpha_i - c) n_i - |\alpha_i| n_i^3 \ , \quad 0 \leq i \leq m$$

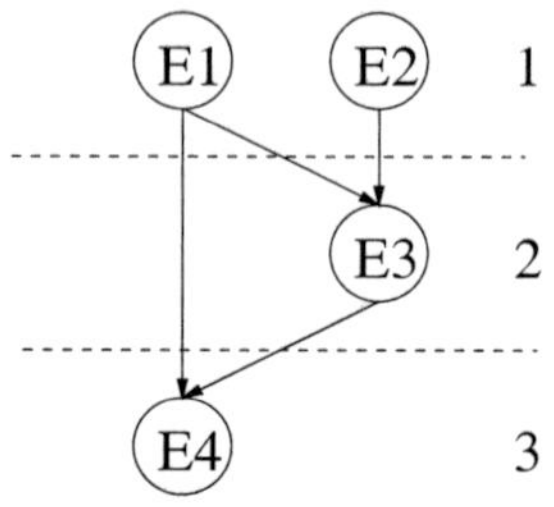

Abbildung 4.5: Eine Hierarchie von Elementarverhalten. Einträge der γ-Matrix, also Hemmungen zwischen Elementarverhalten, sind durch Pfeile gekennzeichnet. Die Verteilung der Elementarverhalten auf die Ebenen (1 bis 3) geschieht so, dass Hemmungen nur gegen Verhalten tieferer Ebenen gerichtet sind.

Es existiert wiederum der einfache Fixpunkt $n_i^* = 0$. Dividiert man $f(n_i)$ durch n_i für $n_i \neq 0$ dann erhält man als Bedingung für weitere Fixpunkte

$$n_i^2 = \frac{\alpha_i - c}{|\alpha_i|} \quad .$$

Mit der Wahl von $\alpha_i \in]-1,1[$ für alle i und $c \geq 1$ ist diese Bedingung nicht erfüllbar. Die Ableitung von $f(n_i)$ nach n_i wird

$$\frac{d\, f(n_i)}{d\, n_i} = \alpha_i - c - 3|\alpha_i| n_i^2 \quad .$$

Ausgewertet an der Stelle $n_i^* = 0$ ergibt sich

$$\frac{d\, f(n_i)}{d\, n_i}|_{n_i = n_i^*} = \alpha_i - c < 0 \quad ,$$

d. h. der einzige Fixpunkt $n_i^* = 0$ für $\sum_j \gamma_{i,j} n_j^2 > 0$ ist asymptotisch stabil.

Für die Elementarverhalten der zweiten Ebene existieren also dieselben stabilen Fixpunkte wie für die Verhalten der obersten Ebene. Diese Betrachtung lässt sich analog für alle weiteren Hierarchie-Ebenen wiederholen.

Die Einschränkung, keine zyklischen Hemmungen von Verhalten zuzulassen, soll im Folgenden abgeschwächt werden. Verhalten einer Ebene soll eine wechselseitige Hemmung erlaubt werden, da dieser Fall im weiteren Verlauf dieser Arbeit verwendet wird. In diesem Fall einer paarweise symmetrischen Hemmung zweier Verhalten mit den Indizes 1 und 2, $\gamma_{1,2} = \gamma_{2,1} = 1$ und den daraus resultierenden Gleichungen

$$\begin{aligned} \tau_n \dot{n}_1 &= \alpha_1 n_1 - |\alpha_1| n_1^3 - n_2^2 n_1 \\ \tau_n \dot{n}_2 &= \alpha_2 n_2 - |\alpha_2| n_2^3 - n_1^2 n_2 \end{aligned} \tag{4.3}$$

ergeben sich neben den oben genannten Fixpunkten auch

$$n_1^* = \pm\sqrt{\frac{\alpha_1|\alpha_2| - \alpha_2}{|\alpha_1||\alpha_2| - 1}}$$
$$n_2^* = \pm\sqrt{\frac{\alpha_2|\alpha_1| - \alpha_1}{|\alpha_2||\alpha_1| - 1}} \quad (4.4)$$

bzw., da diese Lösungen nur für $\alpha_1 > 0$ und $\alpha_2 > 0$ existieren

$$n_1^* = \pm\sqrt{\frac{\alpha_1\alpha_2 - \alpha_2}{\alpha_1\alpha_2 - 1}}$$
$$n_2^* = \pm\sqrt{\frac{\alpha_2\alpha_1 - \alpha_1}{\alpha_2\alpha_1 - 1}} \quad . \quad (4.5)$$

Die Jacobi-Matrix für Gleichung (4.3) ist

$$\begin{aligned} Df(\mathbf{n}) &= \begin{pmatrix} \alpha_1 - n_2^2 - 2|\alpha_1|n_1^2 & -2n_2n_1 \\ -2n_2n_1 & \alpha_2 - n_1^2 - 2|\alpha_2|n_2^2 \end{pmatrix} \\ &= \begin{pmatrix} a & b \\ c & d \end{pmatrix} \end{aligned} \quad (4.6)$$

mit den Eigenwerten

$$\lambda_1 = \frac{1}{2}(a + d - \sqrt{a^2 + 4bc - 2ad + d^2}) \quad (4.7)$$
$$\lambda_2 = \frac{1}{2}(a + d + \sqrt{a^2 + 4bc - 2ad + d^2}) \quad . \quad (4.8)$$

Zum Nachweis der Instabilität der Fixpunkte muss gezeigt werden, dass mindestens einer der Eigenwerte größer als null ist. Die Rechnung dazu ist sehr aufwändig und wurde bereits von Dose (1995) und Large, Christensen und Bajcsy (1997) geführt. Der Nachweis der Instabilität der Fixpunkte erfolgt daher an dieser Stelle grafisch durch die Abbildung 4.6.

Auch für paarweise symmetrisch kompetierende Verhalten entstehen also keine weiteren stabilen Fixpunkte neben den bereits oben genannten. Für die stabilen Zustände des Gesamtsystem lassen sich zusammenfassend folgende Aussagen für jedes Elementarverhalten E_i mit $1 \leq i \leq m$ machen:

- Eine Aktivitätsvariable n_i ist im stabilen Fixpunkt $n_i^{*(1)} = 0$, falls $\alpha_i < 0$.
- Falls $\alpha_i > 0$ und sich keine hemmende Variable n_j mit $\gamma_{i,j} = 1$ in einem der beiden Fixpunkte $n_j^{*(2,3)} = \pm 1$ befindet, hat n_i nur die stabilen Fixpunkte $n_i^{*(2,3)} = \pm 1$.
- Falls $\alpha_i > 0$ und sich mindestens eine hemmende Variable n_j mit $\gamma_{i,j} = 1$ in einem der beiden Fixpunkte $n_j^{*(2,3)} = \pm 1$ befindet, hat n_i nur den stabilen Fixpunkt $n_i^{1*} = 0$.

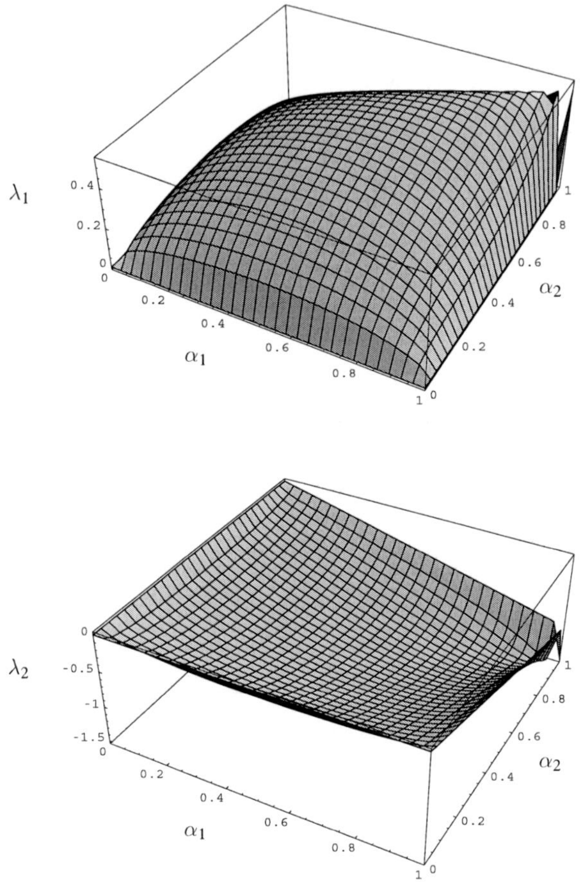

Abbildung 4.6: Stabilitätsbetrachtung zu den Fixpunkten $0 < n^*_{1,2} < 1$. Die Grafiken zeigen, dass der Eigenwert λ_1 stets positiv und λ_2 stets negativ für $0 < \alpha_1 < 1$ und $0 < \alpha_2 < 1$ ist. Dies gilt für alle Vorzeichenkombinationen der Lösungen in Gleichung (4.5).

Damit wurde für die zentrale Komponente der zu entwickelnden Verhaltensorganisation das Verhalten in Abhängigkeit von den Kontrollparametern für beliebige Dimensionalität vollständig beschrieben und die Stabilität unter den genannten Randbedingungen nachgewiesen.

4.2.3 Kompetitiver Vorteil und Refraktär-Dynamik

Der stabile Zustand des **n**-Vektors wird maßgeblich durch den Parameter-Vektor $\boldsymbol{\alpha}$, die konstante Matrix γ und **n** selbst bestimmt. Ein Element α_i wird im Folgenden als *kompetitiver Vorteil* eines Verhaltens i bezeichnet. Er bestimmt (durch einen Wert $\alpha_i > 0$), ob ein Elementarverhalten aktiv werden kann. Zur Verhinderung von Oszillationen beim Aktivieren und Deaktivieren von Elementarverhalten wird jede Variable α_i durch eine Refraktärdynamik und eine entsprechende Stimulusvariable bestimmt. Die Stimulusvariable Ψ_i nimmt Werte zwischen null (zur Deaktivierung des Verhaltens E_i) und eins (zur Aktivierung des Verhaltens E_i) an. Nach der Deaktivierung soll ein Verhalten erst nach einer Refraktärzeit wieder aktivierbar sein. Dazu werden α_i und die Refraktär-Variable ρ_i folgendermaßen definiert:

$$\alpha_i = c_\alpha(2\rho_i - 1) \quad \text{mit} \quad c_\alpha < 1, \quad c_\alpha \approx 1 \tag{4.9}$$

$$\dot{\rho}_i = \frac{(1-\rho_i)\Psi_i}{\tau_{\rho,2}} - \frac{\rho_i(1-\Psi_i)}{\tau_{\rho,1}}, \tag{4.10}$$
$$\tau_{\rho,1}, \tau_{\rho,2} \in \mathbb{R}^+, \quad \tau_{\rho,1} \ll \tau_{\rho,2}$$

Die Konstante c_α stellt sicher, dass $\alpha_i \in \,]-1,1[\;\; \forall \;\, i$ gilt. Die Refraktärdynamik folgt der Stimulusvariablen zwischen null und eins auf zwei unterschiedlichen Zeitskalen. Für $\Psi_i = 0$ ist nur die Zeitskala $\tau_{\rho,1}$ wirksam. ρ_i folgt also wegen $\tau_{\rho,1} \ll \tau_{\rho,2}$ einem schnell ansteigenden Ψ_i relativ langsam. Für $\Psi_i = 1$ ist hingegen nur die schnellere Zeitskala $\tau_{\rho,2}$ relevant.

Durch Gleichung (4.9) wird sichergestellt, dass α_i zwar durch $\Psi_i = 0$ schnell auf einen Wert kleiner null gebracht werden kann, aber einem Anstieg auf $\Psi_i = 1$ nur relativ langsam mit der Zeitkonstanten $\tau_{\rho,2}$ folgen kann.

4.2.4 Berechnung der Stimulusvariablen

Die Stimulusvariable Ψ_i fasst zwei für die Verhaltensauswahl des Roboters bestimmende Faktoren zusammen: Erstens den Sensor-Kontext, der angibt, ob das Elementarverhalten i in der vorliegenden Umwelt-Situation angezeigt ist und zweitens den Einfluss eines Arbeitsgedächtnisses, das den Aktivierungszustand des **n**-Vektors dynamisch speichert.

4.2.4.1 Kontext

Jedem Verhalten i wird eine Variable C_i mit $0 \leq C_i \leq 1$ zugeordnet, die angibt, wie geeignet die implementierte Verhaltensleistung in der durch die Sensoren wahrgenommenen Situation ist. Ein Wert $C_i = 0$ gibt an, dass das Verhalten zur Zeit nicht angezeigt ist während $C_i = 1$ bedeutet, dass es in der vorliegenden Umweltsituation sinnvoll ist.

So ließe sich z. B. sehr einfach der Sensorkontext eines Elementarverhaltens, das einen autonomen mobilen Roboter zu seiner Ladestation steuert, an den Ladezustand der Batterie koppeln:

$$C_{\text{fahre zur Ladestation}} = 1 - \frac{\text{Restladung}}{\text{Kapazität}}$$

In den Kapiteln 4.4.2.1 und 4.4.2.3 wird später dargestellt, wie Sensorkontexte an visuelle Perzeptionsleistungen des Roboters (Detektions- und Klassifikationsleistungen) gekoppelt werden können.

4.2.4.2 Zeitlich-logische Bedingungen und Arbeitsgedächtnis

Das Arbeitsgedächtnis ist ein einfaches dynamisches System für jedes Elementarverhalten i, das dem Quadrat des Aktivierungszustands n_i^2 auf zwei unterschiedlichen Zeitskalen folgt:

$$\dot{m}_i = \frac{(1-m_i)n_i^2}{\tau_{m,1}} - \frac{m_i(1-n_i^2)}{\tau_{m,2}}, \tag{4.11}$$

mit

$$\tau_{m,1}, \tau_{m,2} \in \mathbb{R}^+, \quad \tau_{m,1} \ll \tau_{m,2}, \quad \tau_{m,1} \approx \tau_n$$

Die Funktion ist der der Refraktärdynamik ähnlich: Einem Wert $n_i^2 = 1$ folgt die Gedächtnis-Variable m_i sehr schnell auf der Zeitskala $\tau_{m,1}$, der Zustand des aktiven Verhaltens wird gespeichert. Der Zustand $m_i^* = 0$ für $n_i^2 = 0$ wird nur sehr langsam auf der Zeitskala $\tau_{m,2}$ angenommen: Die Aktivität des Verhaltens i wird langsam „vergessen", siehe Abb. 4.7. Da für alle stabilen Zustände

$$n_i \in [-1, 1] \ \forall \ i$$

gilt, ist

$$m_i \in [0, 1] \ \forall \ i \ .$$

Die Abhängigkeit eines Elementarverhaltens vom Arbeitsgedächtnis wird in einer Matrix $\mathbf{A}$, $A_{i,j} \in \{0, 1\} \ \forall \ i, j$, gespeichert. Ein Eintrag $A_{i,j} = 1$ kodiert, dass das Elementarverhalten E_j aktiv sein muss, bevor E_i aktiviert werden kann. $A_{i,j} = 0$ kodiert hingegen, dass keine solche Abhängigkeit besteht. Um ein Verhalten anzuregen, müssen also alle durch $\mathbf{A}$ gegebenen Bedingungen erfüllt und der Sensor-Kontext ausreichend hoch sein. Die Stimulusvariable Ψ_i wird dazu folgendermaßen berechnet:

$$\Psi_i = C_i \prod_j \left(1 - A_{i,j}(1 - m_j)\right) \tag{4.12}$$

Die Multiplikationen in Gleichung (4.12) realisieren eine unscharfe und-Verknüpfung aller Bedingungen bezüglich der Verhalten j für die gilt $A_{i,j} = 1$ und dem Sensorkontext C_i (siehe

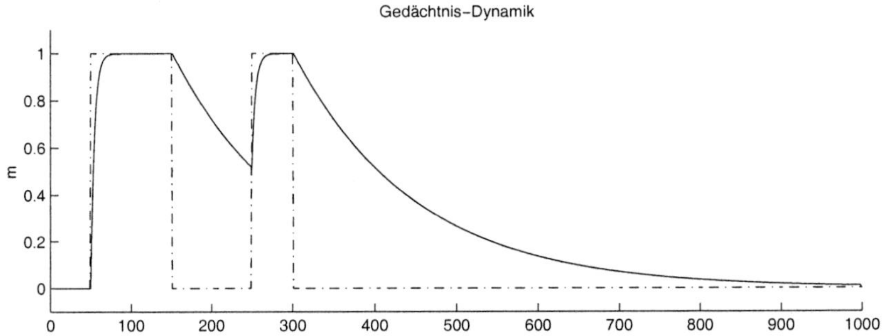

Abbildung 4.7: Die Gedächtnisdynamik m (durchgezogene Linie) folgt der Aktivität n (strichpunktiert) auf unterschiedlichen Zeitskalen, in diesem Beispiel mit $\tau_1 = 5$ und $\tau_2 = 150$.

Anhang B für eine kurze Darstellung der hier verwendeten unscharfen Logik). Der einzelne Produktterm ist gleich eins für $A_{i,j} = 0$. Ist $A_{i,j} = 1$, dann wird der Produktterm gleich eins für $m_j = 1$. Für $m_j = 0$ wird der Produktterm gleich null und damit wird auch Ψ_i gleich null. Gleichung (4.12) implementiert also exakt die oben beschriebenen Bedingungen.

4.2.5 Schaltverhalten

Wie in Abschnitt 4.2.2 gezeigt wurde, wechselt der Aktivierungszustand eines Elementarverhaltens E_i an der Stelle $\alpha_i = 0$. Aus Gleichung (4.9) sieht man, dass dies für

$$\rho_i = \frac{1}{2}$$

gegeben ist. Mit Hilfe dieser Schaltbedingung lassen sich zur Veranschaulichung die nachfolgenden Betrachtungen anstellen. Dazu sei angenommen, dass das Verhalten nicht durch andere Verhalten gehemmt wird ($\gamma_{i,j} = 0 \; \forall \; j$). Der Fixpunkt der ρ_i-Dynamik in Abhängigkeit von Ψ_i lässt sich aus Gleichung (4.10) bestimmen und ist

$$\rho_i^* = \frac{c_\tau \Psi_i}{1 - \Psi_i + c_\tau \Psi_i}$$

mit

$$c_\tau = \frac{\tau_{\rho,1}}{\tau_{\rho,2}} \ll 1 \ .$$

Geht man zur Vereinfachung von einer relaxierten ρ_i-Dynamik ($\rho_i \approx \rho_i^*$) aus und setzt man ρ_i^* in die obige Übergangsbedingung ein, dann erhält man als Schaltschwelle für Ψ_i

$$\tilde{\Psi} = \frac{1}{1 + c_T}.$$

Damit lassen sich folgende Aussagen machen:

- Ein Verhalten E_i, das keine logischen Bedingungen erfüllen muss ($A_{i,j} = 0 \; \forall \; j$), wird für
$$C_i > \tilde{\Psi}$$
aktiviert und für
$$C_i < \tilde{\Psi}$$
deaktiviert.

- Das Verhalten E_i sei durch $A_{i,j} = 1$ mit dem Verhalten E_j gekoppelt. Beide Verhalten seien zunächst aktiv ($n_i = n_j = 1$) und C_i sei wieder konstant gleich eins. Für $\tau_{m,2} \gg \tau_{m,1}$ ergibt sich bei einer Deaktivierung von n_j zum Zeitpunkt $t = 0$ für m_j in etwa der zeitliche Verlauf
$$m_j(t) \approx \exp\left(\frac{-t}{\tau_{m,2}}\right) \; .$$
Der Zeitpunkt, an dem E_i deaktiviert wird, weil die Bedingung bezüglich E_j nicht mehr erfüllt ist, ergibt sich aus
$$C_i(1 + (m_j - 1)) = m_j = \tilde{\Psi} \; ,$$
bzw.
$$\exp\left(\frac{-t}{\tau_{m,2}}\right) = \tilde{\Psi} \; .$$
Verhalten E_i wird also zum Zeitpunkt
$$t \approx \ln\left(\frac{1}{\tilde{\Psi}}\right) \tau_{m,2}$$
deaktiviert.

- Hängt die Aktivierung des Verhaltens i von mehreren anderen Verhalten $p, q, \ldots, r$ ab, mit $A_{i,p} = A_{i,q} = \ldots = A_{i,r} = 1$, dann erfolgt die Deaktivierung, wenn
$$m_p \, m_q \, \ldots \, m_r \leq \ln\left(\frac{1}{\tilde{\Psi}}\right) \tau_{m,2} \; .$$

- Ein schwacher Sensorkontext $C_i < 1$ verkürzt die Speicherzeit, während der eine logische Vorbedingung als erfüllt erinnert wird.

4.2.6 Simulationsbeispiel

Das folgende Beispiel soll die Funktion der Verhaltensorganisation bis zu diesem Punkt verdeutlichen. Es werden drei Elementarverhalten E_1, E_2 und E_3 simuliert, die durch die Wahl der Kompetitionsmatrix

$$\gamma = \begin{pmatrix} 0 & 0 & 1 \\ 0 & 0 & 0 \\ 0 & 0 & 0 \end{pmatrix}$$

und der Bedingungsmatrix

$$\mathbf{A} = \begin{pmatrix} 0 & 0 & 0 \\ 1 & 0 & 0 \\ 0 & 1 & 0 \end{pmatrix}$$

gekoppelt sind. Im Einzelnen bedeuten die Einträge, dass

- E_1 durch E_3 gehemmt wird ($\gamma_{1,3} = 1$),
- E_2 nur nach E_1 aktiviert werden kann ($A_{2,1} = 1$) und
- E_3 nur nach E_2 aktiviert werden kann ($A_{3,2} = 1$).

Der Sensorkontext der drei Verhalten wird zu willkürlich gewählten Zeitpunkten auf eins gesetzt. Das Ergebnis der Simulation ist in Abbildung 4.8 dargestellt.

Zum Zeitpunkt $t = 50$ wird E_1 durch $C_1 = 1$ aktiviert. Aktivität n_1 und Gedächtnis m_1 laufen in den Fixpunkt 1. Bei $t = 350$ wird E_2 und bei $t = 550$ E_3 aktiviert. E_3 hemmt E_1, das sofort deaktiviert wird. E_2 kann nur so lange aktiv bleiben, wie die Gedächtnisvariable m_1 über dem entsprechenden Schwellwert liegt. In der Simulation gilt $c_\tau = 0,2$ und $\tau_{m,2} = 1000$, so dass die Speicherzeit

$$t_{mem} \approx \ln\left(\frac{1}{\tilde{\Psi}}\right) \tau_{m,2} \approx 182,3$$

beträgt. Etwa bei $t = 950$ wird E_2 aufgrund dieser nicht mehr erfüllten Bedingung $A_{2,1} = 1$ deaktiviert. Die sich daraus ergebende Speicherzeit ist etwas länger als die berechnete, da die ρ-Dynamik nicht vollständig relaxiert ist und daher Ψ etwas kleiner als $\tilde{\Psi}$ ist. Wegen $A_{3,2} = 1$ wird bei $t = 1200$ auch E_3 deaktiviert. Die Hemmung von E_1 ist damit nicht mehr vorhanden und E_1 wird wieder aktiv und der Ablauf wiederholt sich zyklisch. Die angegebenen Hemmungen und Bedingungen erzeugen also eine einfache Sequenz der drei Verhalten, die die gestellten Bedingungen erfüllt.

In Abbildung 4.9 ist eine Simulation abgebildet, in der den Kontextvariablen ein gleichverteiltes Rauschen im Intervall [0,8, 1] für den aktivierten Zustand und im Intervall [0, 0,2] für den deaktivierten Zustand zugewiesen wird. Obwohl der Zeitverlauf der Verhaltensaktivierungen sich verändert hat, bedingt durch die schwächeren Aktivierungen ist insbesondere der kompetitive Vorteil erheblich kleiner als im ersten Versuch, lassen sich zwei qualitative

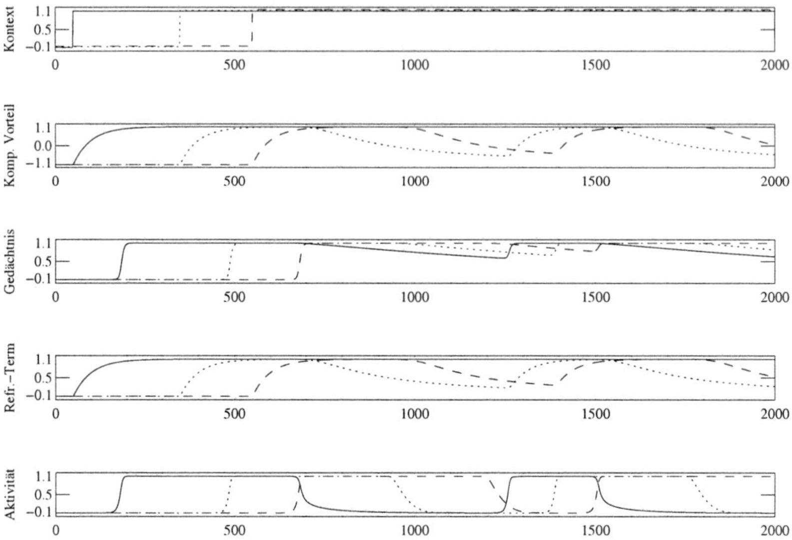

Abbildung 4.8: Simulation der Dynamik für drei Elementarverhalten E_1 (durchgezogene Linie), E_2 (punktiert) und E_3 (gestrichelt). Die Kompetitionsbedingungen und logischen Voraussetzungen, gegeben durch die Definition der Matrizen $\mathbf{A}$ und γ, erzeugen eine geordnete Aktivierungssequenz (unterstes Diagramm).

Eigenschaften des Systems feststellen: 1) Die Refraktärdynamik unterdrückt wirkungsvoll das Rauschen des Sensorkontextes und 2) die Sequenz, die das System generiert, unterscheidet sich qualitativ nicht von der aus der Simulation A). Insbesondere werden die in den Matrizen $\mathbf{A}$ und γ kodierten Bedingungen zu jeder Zeit erfüllt.

Es lassen sich also auf flexible Art paarweise Ausschlüsse und logische Bedingungen für die Aktivierung der Elementarverhalten definieren und kontinuierlich auswerten. Der Sensorkontext stellt die notwendige Bedingung für die Aktivierung jedes einzelnen Verhaltens zur Verfügung und bildet die Schnittstelle des Schemas zur Wahrnehmung von Umweltsituationen. Um die Festlegung der Kopplungen der Verhalten zu vereinfachen, wird im nächsten Abschnitt eine Beschreibungssprache eingeführt.

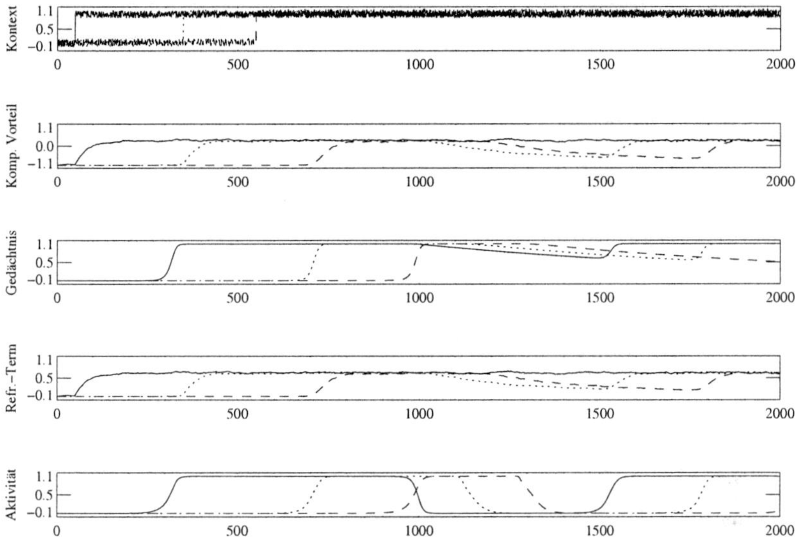

Abbildung 4.9: Den Kontextvariablen wurde in dieser Simulation ein gleichverteiltes Rauschen aufaddiert. Trotz der Störungen erzeugt das System eine ähnliche Aktivierungssequenz wie im ungestörten Fall.

4.3 Entwicklung einer Beschreibungssprache

Die direkte Festlegung der Matrizen $\mathbf{A}$ und γ ist ebenso kontraintuitiv wie fehlerträchtig. Um die Wechselwirkungen und Abhängigkeiten der Verhalten einfacher festlegen zu können, entwickelte Foltin (1998) im Rahmen der vorliegenden Arbeit eine geeignete Beschreibungssprache.

Jedem Elementarverhalten wird zunächst ein Name zugeordnet, mit dem es im Folgenden referenziert wird. Zu jedem Verhalten werden dann in einem Datensatz die vorhandenen Wechselwirkungen mit anderen Verhalten aufgelistet, d. h. Null-Einträge der Matrizen erfordern keine Berücksichtigung.

Kompetitionen werden durch Klauseln mit dem Schlüsselwort `competes`, logische Bedingungen mit `requires` angegeben. Um die Zeitskala der Gedächtnisdynamik (Gleichung (4.11)) festlegen zu können, wird das Schlüsselwort `tmemory` verwendet. Abbildung 4.10 zeigt die Definition der Sprache im Syntaxdiagramm. Die Definition eines Greif-

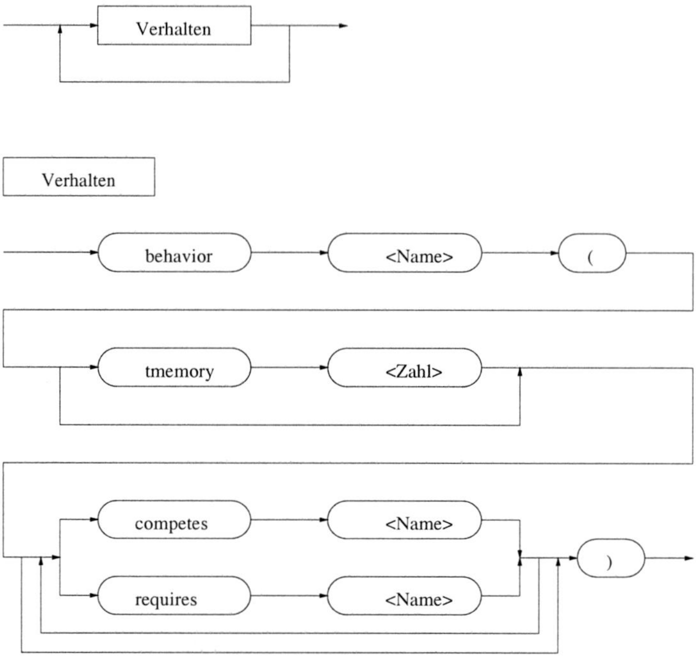

Abbildung 4.10: Syntaxdiagramm der Beschreibungssprache der Verhaltensorganisation

Verhaltens könnte z. B. folgendermaßen aussehen:

```
behavior grasp (
  tmemory 300;
  competes navigation;
  requires gripper_free;
  requires target_detection;
)
```

Damit werden ein Eintrag in γ (`grasp` hemmt `navigation`) und zwei Einträge in $\mathbf{A}$ erzeugt (`grasp` setzt die Aktivität von `gripper_free` und `target_detection` voraus, um selbst aktiviert werden zu können).

4.4 Anwendung: Passage von Türen

Die bisher beschriebene Verhaltensorganisation soll nun zur Lösung eines konkreten Problems auf einem autonomen mobilen Roboter angewendet werden. Das Zielsystem wird im folgenden Abschnitt vorgestellt. Der Roboter soll zunächst in die Lage versetzt werden, durch die Generierung von Sequenzen aus Sensor- und Navigationsleistungen, gewöhnliche Türöffnungen in einem oder mehreren Versuchen zu durchfahren. Da der Roboter ausschließlich ein visuelles Sensor-System benutzt, müssen zunächst geeignete Verfahren zur Detektion und Positionsschätzung von Türen (Abschnitt 4.4.2.1) und ein Hindernisdetektions-Modul (Abschnitt 4.4.2.2) entwickelt bzw. integriert werden.

Beide Module sind geeignet, Eingabedaten dynamischer Systeme zur Verhaltensgenerierung zu erzeugen, d. h. sie liefern kontinuierlich subsymbolische Daten, die Einfluss auf ein Verhalten nehmen können. Ebenso können aus ihren Ausgabedaten Sensor-Kontexte für bestimmte Verhalten abgeleitet werden.

Ein zusätzliches Modul soll diese Fähigkeit noch stärker demonstrieren und darüberhinaus als lernfähiges System entworfen werden: Es soll durch die visuelle Klassifikation von Szenen eine flexiblere Interpretation des Sensor-Kontextes liefern. Durch den Einsatz eines Bilderkenners werden mehrere Türen unterschieden und Verhalten abhängig von dieser Erkennungsleistung ausgewählt (Abschnitt 4.4.2.3).

Unterschiedliche Navigationsstrategien, formuliert als dynamische Systeme, die sowohl die Annäherung an die Tür als auch die Durchfahrt durch den Türrahmen leisten, werden in Abschnitt 4.4.2.4 beschrieben.

Das Kapitel 4.4.3 beschreibt die Festlegung und Integration der Einzelverhalten. Kapitel 4.4.4 und 4.4.5 dokumentieren eine Reihe von Experimenten zur Türpassage und zur Szenenerkennung. Abschnitt 4.4.6 bewertet die Verhaltensorganisation im Hinblick auf die gewonnenen Ergebnisse.

4.4.1 Zielsystem

Das Zielsystem der Implementierung ist der autonome mobile Service-Roboter ARNOLD (Abbildung 4.11). ARNOLD wurde für die Bewältigung allgemeiner Serviceaufgaben in gewöhnlichen Innenraumumgebungen, wie z. B. Büroräumen, entwickelt. Seine fahrbare Plattform ist quadratisch mit einer Kantenlänge, die die Navigation in engen Räumen und die Durchfahrt durch normale Türen erlaubt. Vorwärts- und Rotationsgeschwindigkeit sind unabhängig von einander regelbar. Ein Arm mit sieben Freiheitsgraden und einer Reichweite von etwa einem Meter erlaubt es, Türklinken und Lichtschalter zu betätigen sowie Gegenstände auf Tischen zu manipulieren. Auf dem Körper ist ein aktives Doppel-Stereo-Kamerasystem montiert. Ein Kamerapaar bilden zwei Farb-Kameras mit einer Brennweite von 6mm. Es ermöglicht, in Anlehnung an die Fovea des menschlichen Auges, Farbensehen bei einer hohen Auflösung. Das zweite Kamerapaar ist monochrom ausgeführt mit einer Brennweite von nur 3,6 mm. Es realisiert peripheres Sehen mit einem Sichtwinkel von etwa 60 Grad. Beide Kamerapaare können alternativ zur Stereobildaufnahme verwendet und

Abbildung 4.11: Der autonome mobile Service-Roboter ARNOLD. Auf einer mobilen Plattform ist ein schlanker Rumpf mit einem Arm und einem aktiven Doppel-Stereo-Kamerasystem montiert. Mit sieben Freiheitsgraden in anthropomorpher Geometrie kann der Arm bei gegebenem Greifziel Hindernisse vermeiden. Die Stellung des Ellbogen kann, analog zum menschlichen Arm, in einem Winkelbereich frei gewählt werden. Der Kamerakopf besitzt Freiheitsgrade zur Nick-, Schwenk- und Vergenzwinkel-Regelung. Die zwei Kamerapaare mit unterschiedlichen Brennweiten dienen dem fovealen und peripheren Stereosehen.

per Softwarekommando gewechselt werden. Die Akquisition geschieht über zwei PCI-Bus-Framegrabber, die in einem der insgesamt drei Industrie-PCs in ARNOLDS Rumpf eingebaut sind. Für den Kamerakopf sind Schwenk-, Nick- und Vergenzwinkel regelbar. Der Roboter ist autark in Bezug auf die benötigte Rechenleistung und Energieversorgung - zwei Bleiakkumulatoren erlauben einen Einsatz von bis zu 1,5 Stunden ohne Netzkabel.

Mit einer Höhe von 1,40 Metern ist ARNOLD etwa so groß wie ein sitzender Erwachsener. Die Anordnung von Arm und Kopf sind ebenfalls an der menschlichen Anatomie angelehnt: Der Kopf sitzt mittig und mit einer gemeinsamen Rotationsachse auf dem Körper. Der Arm reicht seitlich in den Arbeitsbereich, ohne die Sicht auf zu greifende Objekte zu verdecken. Um die Detektion von Hindernissen am Boden in unmittelbarer Nähe der Plattform zu ermöglichen, wurde der Rumpf pyramidenförmig gestaltet. Dadurch konnte die Sensorik auf den Kamerakopf beschränkt werden. Zusätzliche aktive Laser-, Ultraschall- oder Infrarot-Detektoren wurden bewusst vermieden, um die Leistungsfähigkeit des visuellen Systems zu demonstrieren und um auch in dieser Hinsicht dem biologischen Vorbild nahe zu kommen.

Ausführliche technische Beschreibungen finden sich in Bergener et al. (1997a) und Bergener et al. (1997b).

4.4.2 Integration der Sensoren

Die im Folgenden beschriebenen Bildverarbeitungsmethoden werden sehr kompakt dargestellt, da sie nicht Teil der Verhaltensorganisation sind. Statt dessen soll hier gezeigt werden, dass die für die Verhaltensorganisation angenommene Information über die Umwelt (die Sensorkontext und die subsymbolischen Eingabedaten der Elementarverhalten) auf einem visuell geführten Service-Roboter in gewöhnlichen Innenraumumgebungen gewonnen werden kann. Dieser Nachweis ist um so wichtiger, weil einer der häufigsten Kritikpunkte an anderen Roboter-Architekturen die Annahme bezüglich der zur Verfügung stehenden Umweltinformation ist und bisher in den meisten Fällen keine Experimente auf einem realen Roboter vorweisbar waren, durch die diese Kritik zurückweisbar wäre.

4.4.2.1 Erkennen von Türen

Das zu entwickelnde Bildverarbeitungsmodul hat den Zweck, in Stereobildpaaren von Innenraumszenen zuverlässig gewöhnliche Türen anhand ihrer Geometrie und Größe zu erkennen und ihre Position relativ zum Roboter möglichst exakt zu bestimmen.

Das Modell einer Tür wird möglichst einfach angenommen: Türen werden durch zwei vertikale Pfosten mit einem Abstand zwischen 80 und 110 Zentimeter begrenzt. Geschlossene Türen haben eine strukturlose Fläche oder eine Struktur, die in der Ebene der Türpfosten liegt. Bei einer geöffneten Tür kann durch den Türrahmen ein Hintergrund mit größerer Tiefe detektiert werden.

Da die Kameraobjektive des Roboters eine erhebliche radiale Verzerrung aufweisen, ist die Detektion der geraden Türkanten im Bild nicht direkt möglich. Mit Kenntnis des Verzerrungsfaktors lassen sich die Bilder durch die Abbildung gemäß Jähne (1993, S. 23) entzerren. Auf das korrigierte Stereobildpaar wird ein Operator zur Kantendetektion angewendet (Goerick 1994). In den Kantenbildern werden nun in einem schmalen Winkelbereich starke Linien gesucht. Dazu wird die adaptive Hough-Transformation (Steinbrecher 1993, S. 233) auf alle Pixel mit einem hohen Gradienten in Zeilenrichtung angewendet. Die

Hough-Transformation ist eine Punkt-Linien-Transformation, die die Evidenz für Geraden im Bildbereich in einer Tabelle akkumuliert. Ein Element der Tabelle repräsentiert eine Gerade im Bild durch ihren Abstand zum Bildmittelpunkt und ihren Winkel zur Zeilenrichtung.

Zur Vereinfachung werden die Aufnahmen mit horizontal zum Boden ausgerichteten parallelen Kameras gemacht, so dass senkrechte Linien in der Welt auf senkrechte Linien im Kamerabild abgebildet werden. Für die so in beiden Bildern gefundenen Linien wird die stereoskopische Korrespondenz anhand einer einfachen Statistik der Kanteninformation auf den Linien bestimmt. Die Disparität (die durch unterschiedliche Objektentfernungen verursachte lokale Verschiebung der Bildinformation zwischen linkem und rechtem Kamerabild) wird berechnet. Über einfache statistische Betrachtungen der Disparitätswerte lassen sich falsche Korrespondenzen entfernen.

Mit Kenntnis der Disparität und der Kamerageometrie kann nun durch Triangulation die Position der möglichen Türpfosten in der Welt berechnet werden. Paare von Pfosten, die einen Abstand von 80 bis 110 Zentimeter haben, werden als Hypothesen für eine Tür gespeichert.

Zur Erkennung, ob eine Tür offen oder geschlossen ist, wird auf den Bildbereich zwischen den Türpfosten jeder Tür-Hypothese eine Konstant-Disparitätsprüfung und eine Struktur-Bewertung angewendet. Wenn dieser Bildbereich keine oder sehr geringe Struktur aufweist, wird eine geschlossenen Tür angenommen. Falls Struktur vorhanden ist, wird geprüft, ob die räumliche Tiefe dieser Fläche mit der bereits bekannten Entfernung der Türpfosten übereinstimmt. In diesem Fall wird ebenfalls eine geschlossene Tür angenommen. Eine geöffnete Tür wird gespeichert, wenn der Bildbereich Struktur aufweist und seine Disparität deutlich kleiner als die des Türrahmens ist. Abbildung 4.12 zeigt den Datenfluss des Algorithmus anhand einer Beispielszene.

4.4.2.2 Detektion von Hindernissen

Um den Fahrweg des Roboters auf Hindernisse zu prüfen, wird ein Bildverarbeitungsmodul eingesetzt, das den Boden vor dem Fahrzeug in freie und potentiell blockierte Bereiche segmentiert. Dazu wird das Verfahren der *invers-perspektivischen Abbildung* (Little et al. 1991, Bohrer et al. 1991, Bohrer 1993, Bergener 1994) in einer im Rahmen dieser Arbeit erweiterten Version für fehlerbehaftete Kameras eingesetzt. Die Hindernisdetektion durch invers-perspektivische Abbildung basiert auf einer direkten Lösung des Korrespondenzproblems für Stereobildpaare unter der Hypothese, dass die Kameras Bilder einer freien ebenen Fahrfläche aus unterschiedlichen Perspektiven akquirieren. Diese Annahme über die Geometrie des Raumes vor den Kameras macht es bei exakter Kenntnis der Aufnahmeparameter, wie Orientierung beider Kameras, Brennweiten, Kameraverzerrungen etc., möglich, das Korrespondenzproblem unabhängig von den Bilddaten zu lösen. Eine Transformation des linken Bildes auf das rechte und eine pixelweise Subtraktion der Grauwerte entspricht dann einer Prüfung der Annahme einer freien Fahrfläche: Orte im Bild, an denen korrespondierende Pixel stark unterschiedliche Grauwerte zeigen, repräsentieren Weltpunkte, an denen

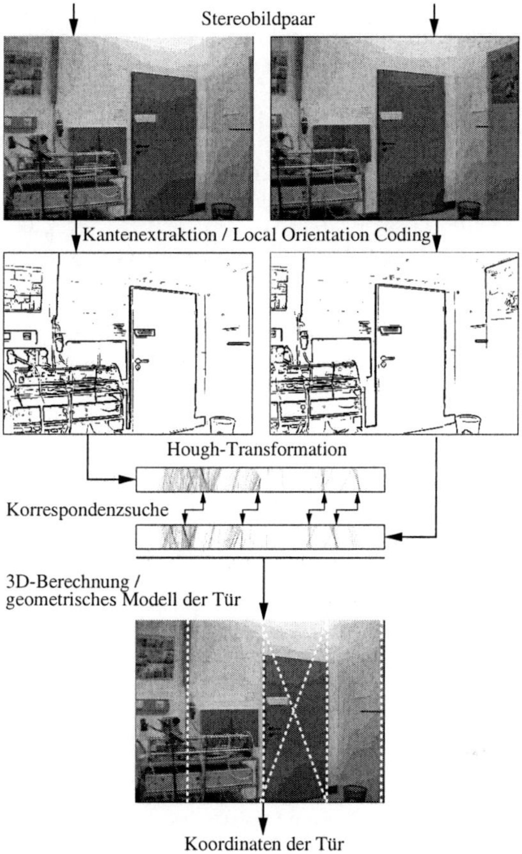

Abbildung 4.12: Detektion von gewöhnlichen Türen in Stereobildpaaren: Durch Kantendetektion, adaptive Hough-Transformation und Korrespondenzsuche im Hough-Raum werden Kandidaten für mögliche Türpfosten gesucht und deren Position im Raum bestimmt. Mit einem einfachen 3D-Modell werden Hypothesen für Türöffnungen generiert.

die Fahrfläche blockiert ist. Eine Schwellwertfilterung des Differenzbildes erzeugt daher eine Segmentierung des linken Bildes in Hindernisse und freien Fahrraum. Voraussetzung ist natürlich, dass Hindernisse und Boden unterschiedliche Grauwerte haben oder ausreichend Struktur aufweisen. Eine Rückprojektion des segmentierten Bildes auf die Fahrfläche gibt Aufschluss über die Position der Hindernisse im Raum.

Da dem ursprünglichen Verfahren von Bohrer, Lütgendorf und Mempel (1991), nur ein lineares (Loch-) Kameramodell zu Grunde liegt, gebräuchliche CCD-Kameras jedoch erhebliche nichtlineare radiale Verzerrungen aufweisen, wurde das Verfahren im Rahmen dieser Arbeit so erweitert, dass ein radial verzerrendes Kameramodell, wie von Tsai (1987) beschrieben, verwendet werden kann. Für eine ausführliche Beschreibung des Verfahrens sei auf Bergener und Bruckhoff (1999) und Gilles (1997) verwiesen. Für die Optimierung der Kameraparameter wurde im Rahmen dieser Arbeit ein evolutionärer Algorithmus nach Schwefel (1995) und Rechenberg (1994) eingesetzt. Diese Arbeit wird in Bergener et al. (1999 und 2000) ausführlich dargestellt.

Für die Anwendung in dieser Arbeit werden die Hindernisdaten so aufbereitet, dass in einem zyklischen Diagramm der maximale freie Fahrweg über der Vorausrichtung des Roboters aufgetragen wird und Richtungen, die nicht im binokularen Bereich der Kameras liegen, für die also keine Hindernisinformation generiert werden kann, markiert werden (Abb. 4.13).

4.4.2.3 Klassifikation von Szenen

Das Modul zur Detektion von Türen stellt die scheinbar einfache Fähigkeit zur Verfügung, einen bestimmten Objekttyp in der Umwelt visuell festzustellen. Bindet man diese Leistung durch die Verknüpfung mit dem Sensorkontext an ein Verhalten des Roboters, kann man sogar von einer *Erkennung* sprechen, denn der detektierten Tür wird damit eine Bedeutung für die Aktionsauswahl gegeben.

Oft wird es aber notwendig sein, über eine Erkennung hinaus eine Klassifikation des erkannten Objektes oder der wahrgenommenen Szene zu leisten. Am Beispiel der Tür bedeutet das, eine bestimmte Tür von anderen zu unterscheiden. Zu diesem Zweck wurde von Quispel (1998) im Rahmen dieser Arbeit ein Softwaremodul zur visuellen Klassifikation von Szenen erstellt und mit der Verhaltensorganisation des Roboters verkoppelt. Als Anwendungen nennt er a) die Erkennung von Objekten, als klassische Anwendung der Bilderkennung, b) die Erkennung einer Umgebung zum Zweck der Selbstlokalisation und c) die Verwendung des Ergebnisses der Szenenerkennung zur Erzeugung von Verhaltenszwängen. So ließe sich z. B. erzwingen, dass ein Verhalten nur in einem bestimmten Raum gezeigt werden darf, oder dass eine Tür nur durchfahren werden darf, wenn dahinter ein bestimmter Raum erkannt wird.

Der zu verwendende Bildklassifikator soll aus Gründen der Flexibilität modellfrei auf statistischen Merkmalen des Bildes operieren und translations- und skalierungsinvariant sein.

Quispel benutzt ein Verfahren zur Bildklassifikation mittels Autokorrelationsfunktio-

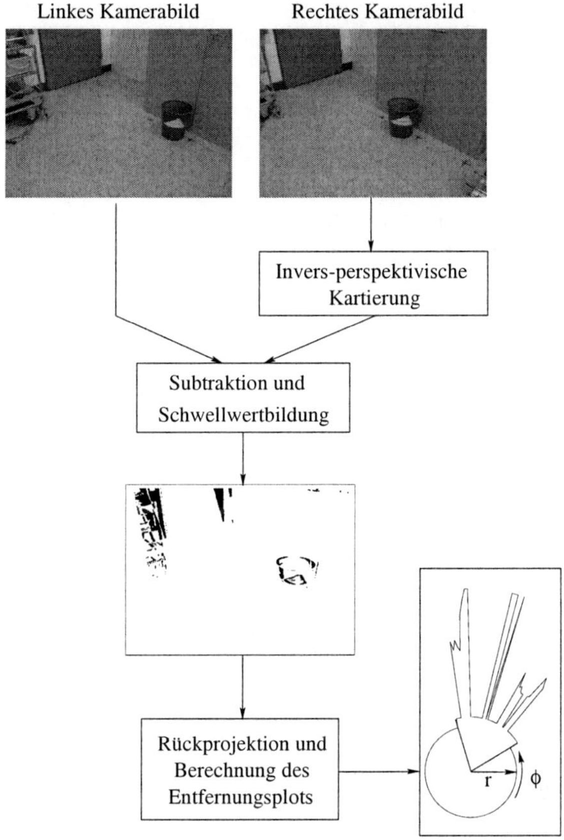

Abbildung 4.13: Die Hindernisdetektion durch invers-perspektivische Abbildung basiert auf der analytischen Lösung des Korrespondenzproblems unter Annahme einer freien Fahrfläche und exakt bekannten Aufnahmeparametern. Das rechte Kamerabild wird damit auf die Perspektive der linken Kamera abgebildet und beide Bilder subtrahiert. Grauwerte im Differenzbild, die einen Schwellwert überschreiten, zeigen eine Verletzung der gestellten Hypothese und damit ein potentielles Hindernis an. Eine Rückprojektion auf die Fahrfläche lässt sich in ein für die Anwendung geeignetes Diagramm der kleinsten Hindernisentfernung über der Vorausrichtung umrechnen (unten rechts).

nen zweiter Ordnung in Bildpyramiden nach Kreutz (1994) (siehe auch Kreutz, Völpel und Janßen 1996 und Kurita, Otsu und Sato 1992). Autokorrelations- und Autokovarianzfunktionen sind bekannte Methoden, um Bildmerkmale zu extrahieren und Merkmalsvektoren zu generieren. Sie sind translationsinvariant, additiv und im Fall der Autokovarianzfunktionen auch invariant gegen Veränderungen der absoluten Bildhelligkeit. Die Verwendung von Bildpyramiden in drei oktavigen bzw. 6 halboktavigen Auflösungsstufen und die additive Überlagerung der Filterantworten der verschiedenen Stufen in einem Merkmalsvektor erzeugt die gewünschte Skalierungsinvarianz. In dem verwendeten Verfahren nach Kreutz (1994) wird auf den Merkmalsvektoren mittels LDA (*Linear Discriminant Analysis*) eine Dimensionsreduktion durchgeführt, so dass bei M Klassen durch eine Reduktion auf $M - 1$ Merkmale eine lineare Bayes-Klassifikation möglich wird. Kreutz (1994) testete sein Verfahren durch die Klassifikation von Bildern von Gesichtern und Einzelobjekten. Quispel (1998) demonstriert die Eignung des Verfahrens zur Klassifikation von Innenraumszenen. Da hier der gesamte Bildinhalt für die Klassifikation relevant ist, und keine Invarianz in Bezug auf die Struktur des Bildhintergrundes gelernt werden kann, waren Tests in typischen Szenen notwendig. Es entsteht in dieser Anwendung das Problem, dass bei einem leichten Schwenk der Kamera oder einer Variation der Entfernung zu der Szene Teile des Bildes verschwinden und neue auftauchen. Zudem musste untersucht werden, in welchem Maß sich Szenenansichten überlappen dürfen, um noch zuverlässig vom Klassifikator unterschieden werden zu können.

Quispel (1998) implementierte den Klassifikator auf dem mobilen Roboter ARNOLD und testete das Verfahren an zwei Szenarien. Im ersten bestand die Aufgabe, fünf Wandansichten eines Raumes unterscheiden zu können. Für diese fünf Klassen wurden insgesamt 330 Bilder in unterschiedlichen Entfernungen von der Wand und mit leicht unterschiedlicher Blickrichtung des Roboters aufgenommen (Abb. 4.14). Die Hälfte dieser Bilder wurde als Trainingssatz, die andere Hälfte als Testdatensatz verwendet, wobei die Aufteilung der Bilder zufällig erfolgte. Da ein Stereokamerakopf zur Verfügung stand, wurden alle Bilder stereoskopisch aufgenommen. Quispel prüfte im Vergleich zur Verwendung monokularer Aufnahmen zwei Wege zur Verwendung der Bildpaare: Die Merkmalsvektoren beider Bilder wurden zunächst aneinandergehängt, so dass sich die Länge der Vektoren verdoppelte. Zum anderen wurden die Merkmalsvektoren beider Stereobilder addiert. Die Ergebnisse dieses Experiments für Autokorrelations- und Autokovarianzmerkmale mit unterschiedlichen Größen der Filtermasken und unterschiedlicher Stufung der Bildpyramiden sind in Tabelle 4.1 angegeben.

Die sehr guten Klassifikationsleistungen werden schlechter, wenn die Auswahl der Testbilder nicht zufällig erfolgt, sondern für die einzelnen Klassen vollständige Mengen von Bildern entnommen werden, die die Szenen aus der gleichen Entfernung und ähnlicher Perspektive zeigen. Die Trainingsmenge wurde zudem auf zehn Bilder reduziert, je fünf aus einer Perspektive auf die Szene. Die Erkennungsrate sinkt dabei je nach Parameterwahl auf 60 bis 80 Prozent (Tabelle 4.2). Dieser Test stellt eine spätere Anwendung des Klassifikators zur Szenenerkennung im Hinblick auf kleine Mengen von Trainingsdaten und die Unterschiede zwischen trainierten und zu klassifizierenden Bildern realistisch dar. In An-

Abbildung 4.14: Eine Auswahl aus den insgesamt 330 Bildern der fünf Klassen aus dem Experiment zur Wanderkennung.

	ACF3×3 okt.	ACF3×3 1/2 okt.	ACF 5×5 okt.	ACF 5×5 1/2 okt.
Mono	99	99	99	100
Stereo, verkettet	99	99	100	100
Stereo, addiert	98	98	100	100
	ACV 3×3 okt.	ACV 3×3 1/2 okt.	ACV 5×5 okt.	ACV 5×5 1/2 okt.
Mono	100	100	83	92
Stereo, verkettet	100	83	92	92
Stereo, addiert	100	100	99	97

Tabelle 4.1: Klassifikationsergebnisse des ersten Experiments zur Wanderkennung für Autokorrelations- (ACF) und Autokovarianz-Merkmale (ACV), unterschiedliche Filtergrößen (3×3 und 5×5), 6 Skalen mit oktaviger oder halboktaviger Stufung und Erzeugung der Merkmale aus monokularen Bildern und Stereoaufnahmen mit Verkettung oder Addition der Merkmalsvektoren beider Bilder. Es wurden 33 Bilder pro Klasse trainiert und gegen 33 untrainierte Bilder pro Klasse getestet.

	ACF3×3 okt.	ACF3×3 1/2 okt.	ACF 5×5 okt.	ACF 5×5 1/2 okt.
Mono	60	62	71	65
Stereo, verkettet.	85	72	71	82
Stereo, addiert	80	72	84	81
	ACV 3×3 okt.	ACV 3×3 1/2 okt.	ACV 5×5 okt.	ACV 5×5 1/2 okt.
Mono	61	45	50	34
Stereo, verkettet	23	54	37	63
Stereo, addiert	60	60	24	60

Tabelle 4.2: Klassifikationsergebnisse des zweiten Experiments zur Wanderkennung. Hier wurden nur 10 Bilder aus einer einzigen Perspektive pro Klasse trainiert und gegen die restlichen Perspektiven getestet. Die Ergebnisse sind entsprechend schlechter als im ersten Experiment.

betracht der Tatsache, dass bei diesem Experiment durch die untrainierten Perspektiven und Entfernungen zur Szene in den Testbildern Ortsfrequenzen und Bildinhalte auftreten, die in den trainierten Bildern nicht vorhanden waren, sind diese Ergebnisse zufrieden stellend. Sie zeigen, dass die Diskretisierung der Skalierung durch sechs Ebenen in der Bildpyramiden auch bei oktaviger Stufung ausreichend fein ist, um Szenen aus untrainierten Entfernungen wiederzuerkennen. Dabei zeigt die Addition der Merkmale aus stereoskopischen Aufnahmen im Mittel aller Experimente leicht bessere Ergebnisse als die monokulare Erkennung und die Verkettung der stereoskopischen Merkmale. Obwohl durch dieses Verfahren Störungen im einzelnen Bild durch Mittelung vermindert werden, wird gleichzeitig durch die Basisbreite des Stereokamerasystems der Sichtbereich vergrößert, wodurch aufgrund der stärker variierenden Randbereiche die Klassifikation erschwert wird.

In einem zweiten Szenario bestand die Aufgabe, Büroräume beim Durchfahren der Tür zu erkennen, um so eine Selbstlokalisation an definierten Orten durchführen zu können. Dazu wurde der Roboter in die Türöffnungen von zehn Räumen gefahren. In allen Büros befanden sich ähnliche Möbel, Bodenbeläge, Pflanzen und anderes Interieur, jedoch in individueller Anordnung. Von jedem Büro wurden fünf Bildaufnahmen mit unterschiedlichen Schwenkwinkeln des Kamerakopfes (-10, -5, 0, 5 und 10 Grad) gemacht. Die Aufnahmen mit -5 und 5 Grad Schwenkung wurden trainiert; die übrigen stellten die Testmenge dar. Da die Trainingsmenge mit zwei Aufnahmen pro Klasse hier sehr klein war, variieren die Ergebnisse stark in Abhängigkeit vom verwendeten Klassifikator, d. h. von der Anzahl der Skalen in der Bildpyramide, der Filtergröße und der Verwendung monokularer bzw. stereoskopischer Aufnahmen. Wie zu erwarten war, ergeben sich für dieses Szenario die besten Ergebnisse für eine additive Überlagerung der Merkmale stereoskopischer Bildpaare (durch die scheinbar verdoppelte Anzahl der Trainingsaufnahmen). Für eine 3×3-

Autokorrelationsmaske in drei oktavigen Pyramidenstufen und Addition der Merkmalsvektoren von linkem und rechtem Kamerabild konnte hier eine Erkennungsrate von 100 Prozent erreicht werden (siehe Quispel 1998 für eine ausführliche Darstellung aller Ergebnisse).

Neben der guten Eignung des Klassifikators für die Szenen- und Raumerkennung auf dem Roboter demonstriert Quispel (1998) die Verknüpfung der Szenenerkennung mit der Verhaltensorganisation. Die Ergebnisse dieser Arbeit werden in Abschnitt 4.4.5 dargestellt.

4.4.2.4 Entwicklung der Kontrolldynamiken

Zur Passage einer Tür werden unterschiedliche Navigationsdynamiken benötigt. Zunächst soll der Roboter in direkter Zielfahrt der Tür angenähert werden. Anschließend muss ein Zielpunkt dicht vor der Türschwelle unter der Zwangsbedingung der geeigneten Orientierung angefahren werden. Der Roboter muss diesen Punkt so erreichen, dass er frontoparallel und mittig vor der Tür steht. Sollte es bei einem dieser Manöver zu einer Kollision kommen, soll der Roboter in einer glatten Trajektorie an seinen Startpunkt zurückfahren. Dabei darf er sich beim Lösen aus der Kollision nicht stark drehen, um Schäden am Fahrzeug zu vermeiden. Beim Erreichen des Startpunkts sollte der Roboter wieder seine ursprüngliche Orientierung einnehmen, um einen neuen Versuch starten zu können.

Die Trajektorie zur Anfahrt auf eine Tür lässt kaum Variationen in Abhängigkeit von der Hindernistopologie zu. Die Position vor der Türschwelle und die Orientierung dort müssen vom Roboter so exakt erreicht werden, dass Ausweichbewegungen in direkter Nähe der Tür nicht möglich sind. Entsprechend wird die Trajektorie durch die Position und Orientierung der detektierten Tür bestimmt, während erkannte Hindernisse die Vorwärtsgeschwindigkeit des Roboters bestimmen.

Die Dynamik zur Anfahrt an die Tür soll nun näher betrachtet werden. Geregelt wird die Vorausrichtung φ des Roboters am Ort R in Bezug auf eine willkürlich gewählte „Nordrichtung“. Parameter für das Anfahrverhalten sind die Richtung ψ_Z auf den anzufahrenden Zielpunkt Z und die Orientierung φ_Z, mit der der Roboter diesen Punkt erreichen soll, also die Durchfahrtsrichtung der Tür, siehe Abbildung 4.15. Der Fixpunkt φ^* der Dynamik wird so gewählt, dass R und Z auf einem Kreis liegen und die Kreislinie den Ort R in Richtung φ^* und Z in Richtung φ_Z durchläuft. Aus der Bedingung für den Sehnentangentenwinkel des Kreises (Bronstein und Semendjajew 1987, S. 193) und Abbildung 4.16 lässt sich der gesuchte Fixpunkt bestimmen. Allgemein gilt für die Geometrie in Abbildung 4.16

$$\delta = 1/2\,\beta \ . \tag{4.13}$$

δ ist hier gerade der Winkel zwischen der gesuchten Fahrtrichtung φ^* und der Richtung des Ziels ψ_Z

$$\delta = \varphi^* - \psi_Z \ . \tag{4.14}$$

Dabei ist β die Differenz aus Fahrtrichtung und Orientierung im Ziel Z

$$\beta = \varphi^* - \varphi_Z \ . \tag{4.15}$$

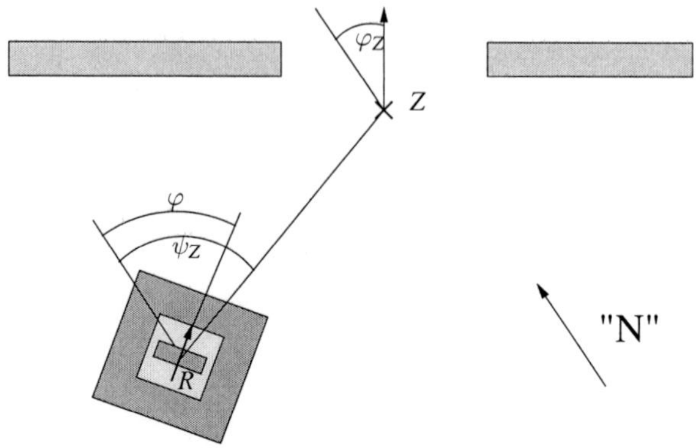

Abbildung 4.15: Der Roboter am Punkt R hat die Orientierung φ zur willkürlich festgelegten Nordrichtung. Das Ziel befindet sich am Ort Z, in Richtung ψ_Z vom Roboter aus gesehen und soll in Richtung φ_Z angefahren werden.

Aus Gleichung (4.13) ergibt sich dann

$$\varphi^* - \psi_Z = 2(\varphi^* - \varphi_Z)$$

und damit

$$\varphi^* = 2\psi_Z - \varphi_Z \ . \tag{4.16}$$

Diese Richtung ist in Abbildung 4.17 für ein Punktraster in der Ebene aufgetragen. Sie kann z. B. mit der Gleichung

$$\dot{\varphi} = -a_1 \sin(\varphi - 2\psi_Z + \varphi_Z) \tag{4.17}$$

für eine einfache Regelung der Türanfahrt verwendet werden, wobei a_1 eine klein zu wählende Konstante ist. Abbildung 4.17 zeigt auch, dass die Trajektorien in größeren Entfernungen vom Zielpunkt nicht sinnvoll sind, da das Ziel in einem sehr großen Bogen angefahren wird. Die zu verwendende Dynamik muss daher das Verhalten von Gleichung (4.17) mit einer einfachen Dynamik zur Zielfahrt in Abhängigkeit von der Entfernung zum Ziel kombinieren. Die beiden Regelziele werden analog zu den Arbeiten von Dose (1995) und Steinhage (1997) in die Gleichung für $\dot{\varphi}$ integriert:

$$\dot{\varphi} = -a_1 \left[f_Z \sin(\varphi - 2\psi_Z - \varphi_Z) + f_I \sin(\varphi - \psi_Z) \right] \tag{4.18}$$

mit

$$f_Z = \exp(-r_Z^2/\sigma_Z^2) \tag{4.19}$$

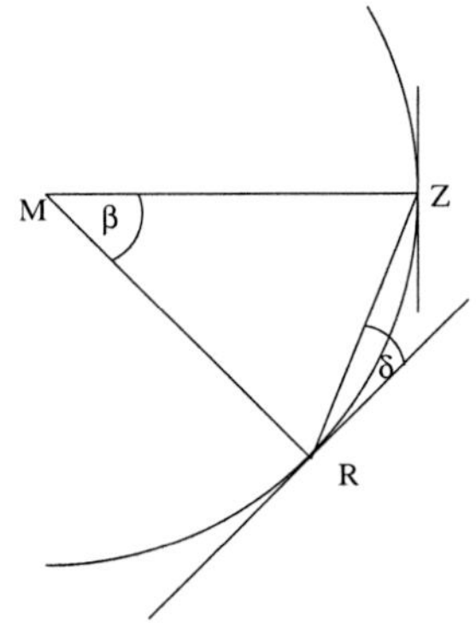

Abbildung 4.16: Nach der Bedingung für den Sehnentangentenwinkel ist $\delta = 1/2\ \beta$. Aus $\delta = \varphi^* - \psi_Z$ und $\beta = \varphi^* - \varphi_Z$ ergibt sich Gl. (4.16).

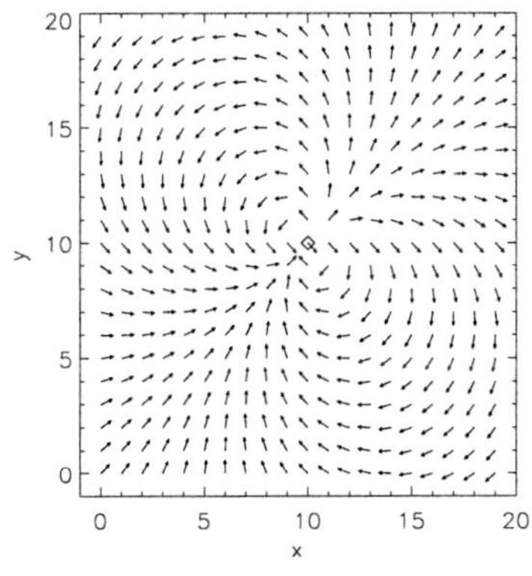

Abbildung 4.17: Die Fixpunkte aus Gleichung (4.16) wurden in der Bewegungsebene des Roboters als Vektoren aufgetragen. $Z = (10, 10)^T$, φ_Z ergibt sich aus den Positionen von P und Z durch den vorzeichenrichtigen Arcus-Tangens. $\varphi_Z = \pi/4$.

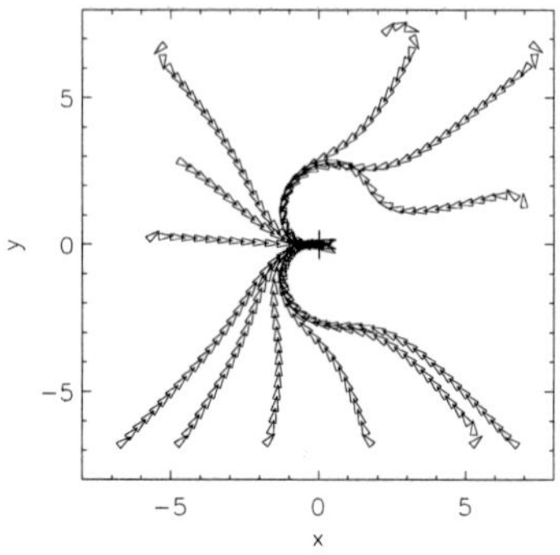

Abbildung 4.18: Gleichung (4.18) wurde für einen simulierten Roboter iteriert, der von unterschiedlichen Startpositionen und -orientierungen den Zielpunkt $Z = (0, 0^T)$ mit $\varphi_Z = 0$ anfährt. Es wurde $\sigma_Z = 4{,}0$ gewählt.

und

$$f_I = 1 - f_Z \quad . \tag{4.20}$$

Dabei ist r_Z die Distanz zwischen dem Roboter und dem Ziel und σ_Z eine Konstante. Die Terme f_Z und f_I sind die Einkoppelstärken, die beeinflussen, wie stark die Zwangsbedingung der korrekten Orientierung am Ziel auf die Berechnung der Vorausrichtung wirkt. Für $r_Z \gg \sigma_Z$ wird der Roboter direkt auf den Zielpunkt Z zufahren und für $r_Z \ll \sigma_Z$ unter der Zwangsbedingung der Zielorientierung φ_Z navigieren. Zwischen diesen beiden Verhalten erfolgt ein glatter Übergang in Abhängigkeit von der Entfernung zum Ziel. Die Vorwärtsgeschwindigkeit v des Roboters ist dabei positiv und ausreichend klein zu wählen. Abbildung 4.18 zeigt die mit Gleichung (4.18) erzeugten Trajektorien des Roboters in einer Simulation. Für das Verhalten der Rückwärtsfahrt nach einer Kollision wird eine ähnliche Dynamik verwendet, allerdings wird hier stets eine negative Vorwärtsgeschwindigkeit angenommen und es existieren zwei Zwangsbedingungen: Der Roboter soll sich ohne Drehung vom Ort der Kollision lösen und in Rückwärtsfahrt den Startpunkt der Navigation in der ursprünglichen Orientierung erreichen. Der Ort der Kollision wird im Folgenden mit K bezeichnet, die Orientierung an diesem Punkt φ_K. Der anzusteuernde Startpunkt wird S genannt, die Orientierung dort φ_S und die Richtung von S aus Sicht des Roboters ψ_S. Die Entfernungen des Roboters zu diesen Punkten sind r_K bzw. r_S. Die Dynamik für dieses Verhalten ist dann

$$\begin{aligned}\dot{\varphi} = & \\ & -a_1\,[f_S \sin(\varphi - 2\psi_S + \varphi_S) \\ & +f_I \sin(\varphi - \psi_S + \pi) \\ & +f_K \sin(\varphi - \varphi_K)] \quad .\end{aligned} \tag{4.21}$$

Die Einkoppelterme der einzelnen Summanden werden analog zu der Anfahrtsdynamik gewählt:

$$f_S = \exp(-r_S^2/\sigma_S^2) \tag{4.22}$$

$$f_K = \exp(-r_K^2/\sigma_K^2) \tag{4.23}$$

$$f_I = (1-f_S)(1-f_K) \tag{4.24}$$

Der Roboter wird damit nach der Kollision ($f_K \approx 1$) mit konstanter Orientierung zurückfahren, dann für $f_I \approx 1$ direkt auf den Punkt S zufahren und sich schließlich dem Ort S mit der Orientierung φ_S nähern. Zu beachten ist, dass durch die negative Geschwindigkeit das Vorzeichen von φ_S im ersten Summanden geändert und im zweiten Summanden die Orientierung durch Addition von π um 180 Grad gedreht werden muss.

An dieser Stelle soll noch einmal auf die Prinzipien hingewiesen werden, nach denen die Kontrolldynamiken entworfen werden. Im allgemeinen werden die dynamischen Systeme für die zu kontrollierenden Parameter durch Summation einzelner Einflussgrößen erstellt. Dabei erhält jeder Summand eine Einkoppelstärke, die von bestimmten Zustandsvariablen des Systems abhängen. In den Navigationsdynamiken sind das die Abstände vom Start- oder Zielpunkt der Fahrt. Hier ist zu beachten, dass diese Parameter implizit von der dynamischen Variablen abhängen. So bestimmt in den entwickelten Gleichungen die Wahl der Vorausrichtung φ in direkter Weise die Veränderung des Abstände zu Start und Ziel, sofern die Vorwärtsgeschwindigkeit des Roboters ungleich null ist.

Ebenso hängen die Parameter, die direkt die Lage des Attraktors für φ bestimmen, selbst von der Vorausrichtung ab. Da alle Richtungen auf eine globale Nord-Richtung bezogen und die Entfernungen zu den Referenzpunkten endlich sind, ändert sich z. B. Ψ_Z in Abhängigkeit von der Fahrbewegung und damit von φ. Der Entwurf bleibt dennoch übersichtlich, weil durch die Wahl der freien Parameter (hier die Änderungsgeschwindigkeit der Vorausrichtung a_1 und die Vorwärtsgeschwindigkeit v) sowie eine Abschätzung der Änderungsgeschwindigkeit für die übrigen Parameter sichergestellt werden kann, dass alle Parameter der dynamischen Gleichungen als quasi-statisch angenommen werden können.

In den entwickelten Gleichungen wirken alle Summanden auf den gesamten Definitionsbereich der dynamischen Variablen. In vielen Fällen ist es aber notwendig, die Einkoppelfaktoren über Einflussbereiche bezüglich der dynamischen Variablen zu formulieren. Dies wird z. B. in Navigationsverfahren gemacht, wenn nah zusammenliegende Ziele wie ein einziges Ziel wirken sollen, bei einem größeren Abstand aber eine Entscheidung zwischen beiden getroffen werden soll. Dies kann dadurch erzielt werden, dass die Einkoppelfaktoren z. B. als Gauss-Funktionen des Abstands zwischen Vorausrichtung und Richtung auf das jeweilige Ziel formuliert werden.

Eine intensive Prüfung der Dynamik in Simulationen ist in jedem Fall angezeigt, um das gewünschte Verhalten sicherzustellen. Die Vorteile dieses Ansatzes werden durch die Abbildung 4.18 verdeutlicht. Trotz der Kompaktheit der Dynamik in Gleichung (4.18) dokumentieren die Trajektorien ein komplexes Verhalten, das verschiedenen Randbedingungen genügt. Die Trajektorien sind glatt und das System relaxiert aus unterschiedlichsten Startkonfigurationen in den gewünschten Zielzustand. Zu Stabilitätsbetrachtungen solcher Dynamiken sei auf Steinhage (1997) verwiesen.

4.4.3 Festlegung und Integration der Elementarverhalten

4.4.3.1 Definition der Verhalten

Unter Verwendung der beschriebenen Sensor-Module und Navigationsstrategien sollen nun unterschiedliche Verhalten festgelegt und so durch die Verhaltensorganisation verknüpft werden, dass die Passage der Tür autonom bewältigt werden kann.

Für die Regelung des Sensorkopfes werden zwei unterschiedliche Verhalten festgelegt. Ein Verhalten zur visuellen Suche der Tür (`visual_search`) sendet wiederholt Kommandos zur Stereo-Bildaufnahme mit horizontaler Blickrichtung an die Akquisitionsschnittstelle. Der Schwenkwinkel überstreicht dabei ein festgelegtes Intervall in so vielen Schritten, dass sich die Sichtbereiche ausreichend überlappen. Die aufgenommenen Bildpaare werden an das Modul zur Türdetektion übergeben. Der Sensorkontext dieses Verhaltens ist konstant gleich eins. Ein zweites Verhalten zum Nachführen der Kameras bei erkanntem Ziel fixiert die Tür mit dem Kamerakopf, akquiriert neue Bildpaare und regelt so die Blickrichtung auf eine erkannte Tür auch bei Eigenbewegung des Roboters (`track_door`). Der Sensorkontext des Nachführverhaltens ist genau dann gleich eins, wenn das Suchverhalten im letzten Stereobildpaar eine Tür erkannt hat oder das Nachführverhalten das Ziel in aufeinander folgenden Akquisitionen wiedererkennt.

Da der Blickwinkel des Roboters nur etwa 60 Grad beträgt, kann eine Tür in einem Bildpaar nur erkannt werden, wenn der Roboter sich in einem Abstand von mindestens 1,30 Meter zu ihr befindet. Daher wird die Anfahrt an die Tür in zwei Phasen zerlegt. In der ersten wird der Roboter auf das gerade akquirierte Ziel zugesteuert (`approach_door`), während in der zweiten blind auf das zuletzt erkannte Ziel zusteuert wird (`near_approach`). Beide Verhalten benutzen die Dynamik der Gleichung (4.18). `approach_door` setzt den Sensorkontext auf eins, wenn ein Ziel erkannt wurde und der Weg vor dem Roboter frei von Hindernissen ist. Er wird null, wenn der Abstand zum Ziel kleiner als ein Meter wird. Die Geschwindigkeit wird so gewählt, dass der Roboter vor Hindernissen stoppt. Der Sensorkontext des Verhaltens `near_approach` wird gleich null gesetzt, wenn der Roboter einen engen Radius um den Zielpunkt vor der Tür erreicht, und gleich eins, wenn er sich außerhalb dieses Radius befindet.

Das Verhalten `pass_door` regelt den Roboter mit konstanter Orientierung durch den Türrahmen. Sein Sensorkontext wird eins, wenn der Roboter einen kleinen Radius um den Zielpunkt Z vor der Tür erreicht und null, wenn er die Türschwelle passiert hat.

Ein Verhalten `collision` beobachtet, ob es zu einer Kollision kommt. Dieses Verhalten erzeugt keine Steuerbefehle sondern wirkt nur durch seine Wechselwirkung mit anderen Elementarverhalten auf die Aktionen des Roboters. Sein Sensorkontext ist eins, wenn einer der Bumper einen mechanischen Kontakt mit einem Hindernis meldet, und sonst null.

Das Befreiungsverhalten zum Lösen aus einer Kollision wird im Folgenden `free_coll` genannt. Es regelt die Bewegung des Roboters gemäß Gleichung (4.21). Der Sensorkontext dieses Verhaltens ist null, wenn sich der Roboter in einem kleinen Radius um den Startpunkt befindet, und sonst eins.

Das Verhalten `obstacle_detection` löst Stereobildakquisitionen des Bodens vor dem Fahrzeug aus. Die Bilder werden dann durch das Hinderniserkennungsmodul bearbeitet. Der Sensorkontext dieses Verhaltens ist konstant gleich eins.

4.4.3.2 Verknüpfung der Verhalten

Jedes der beschriebenen Verhalten löst eine Teilaufgabe der Sequenz und ist über den geeignet definierten Sensorkontext an eine bestimmte Situation gebunden, in der es aktiv werden kann. Die Verkettung der einzelnen Aktionen zu einer zielgerichteten Sequenz geschieht durch die in Abschnitt 4.2 entwickelte Verhaltensorganisation. Die Verknüpfungen in der Kompetitionsmatrix γ werden so gewählt, dass Ressourcen (z. B. die Schnittstelle der Plattformsteuerung) exklusiv vergeben werden. Die asymmetrische Belegung der Matrix erzeugt dabei eine Priorität für das hemmende Verhalten vor dem gehemmten. Die Einträge der Matrix $\mathbf{A}$ legen Zwangsbedingungen an die Reihenfolge bzw. die Gleichzeitigkeit von Verhalten fest.

Für die visuellen Verhalten sind die Festlegungen sehr einfach. Es gibt eine einfache Kompetition, d. h. das Verhalten `track_door` unterdrückt das Verhalten `search_door`:

```
behavior search_door(
)

behavior track_door(
  competes search_door;
)
```

Zur Anfahrt an die Tür ist es notwendig, dass die Zielakquisition (d. h. das Verhalten `track_door`) aktiv ist oder unmittelbar zuvor aktiv war. Zusätzlich muss die Hindernisdetektion aktiv sein, um Kollisionen zu verhindern. Die visuell gelenkte Anfahrt soll so lange wie möglich erfolgen, bevor auf die „blinde“ Nahanfahrt gewechselt wird, daher wird das Verhalten `near_approach` von `approach_door` unterdrückt:

```
behavior approach_door(
```

```
  requires track_door;
  requires obstacle_detection;
  competes near_approach;
  competes search_door;
)
```

Die Nahanfahrt geschieht in einer so geringen Entfernung zum Ziel, dass die Tür nicht mehr erkannt werden kann. Das Verhalten `near_approach` unterdrückt daher die beiden visuellen Verhalten. Die Hinderniserkennung wird weiterhin benötigt, entsprechend wird ein Eintrag in der **A**-Matrix erzeugt:

```
behavior near_approach(
  competes approach_door;
  competes search_door;
  competes track_door;
  requires approach_door;
  requires obstacle_detection;
)
```

Die Durchfahrt durch die Tür sollte nur erfolgen, wenn der Roboter zuvor durch das Nahanfahrtverhalten korrekt vor der Tür positioniert wurde. Gleichzeitig soll es die beiden Anfahrtsverhalten und die visuellen Verhalten unterdrücken:

```
behavior pass_door(
  requires near_approach;
  competes search_door;
  competes track_door;
  competes near_approach;
  competes approach_door;
)
```

Im Falle einer Kollision müssen alle Navigationsverhalten, mit Ausnahme des Verhaltens `free_coll`, unterdrückt werden, um eine Beschädigung des Roboters zu verhindern:

```
behavior collision(
  competes approach_door;
  competes near_approach;
  competes pass_door;
)
```

Nachdem es zu einer Kollision gekommen ist und das Befreiungsverhalten aktiv wurde, werden die Anfahrtsverhalten und das Verhalten zur Türdurchfahrt weiter unterdrückt. Das Verhalten `free_coll` wird erst abgeschaltet, wenn entweder der Startpunkt in Rückwärtsfahrt wieder erreicht wurde (Abschaltung durch den Sensorkontext), oder die Kollision im Kurzzeitgedächtnis „vergessen“ wurde:

```
behavior free_coll(
  competes approach_door;
  competes near_approach;
  competes pass_door;
  requires collision;
)
```

Die Hinderniserkennung wird nur für die Anfahrtverhalten benötigt. Sie wird daher zeitlich an das Tracking des Ziels gekoppelt, um nicht unnötig Ressourcen zu belegen:

```
behavior obstacle_detection(
  requires track_door;
)
```

Es fällt auf, dass die hier aufgestellten Regeln einen sehr lokalen Bezug haben. Die angestrebte Sequenz wird nur implizit erkennbar, und auch das nur, wenn gleichzeitig die unterschiedlichen Sensorkontexte der Verhalten betrachtet werden. Der Stärke dieser Beschreibungsform liegt in der Flexibilität und wird in den folgenden Experimenten demonstriert.

4.4.4 Experimente zur Türpassage

Die in den vorangegangenen Abschnitten beschriebenen Sensor-Module, die einzelnen Verhalten und das System zur Verhaltensorganisation wurden auf dem Roboter ARNOLD implementiert. Um die benötigte Nebenläufigkeit zu erreichen, wurde das System auf mehrere Prozesse aufgeteilt und läuft in einem Netzwerk aus mehreren Rechnern an Bord des Roboters. Der dazu entwickelte Betriebsystemaufsatz PLANET und die Prozessstruktur sind im Anhang A angegeben.

Die Experimente wurden in einem gewöhnlichen Flur der Universität durchgeführt. Dazu wurde der Roboter in die Nähe einer Tür geschoben und die Verhaltensorganisation gestartet.

Um die Flexibilität der Verhaltensorganisation zu demonstrieren, wurde die Verhaltenssequenz des Roboters an unterschiedlichen Punkten durch provozierte Kollisionen mit einer Person gestört. Die Abläufe der Experimente werden durch Bilderserien, protokollierte Aktivitäten der Verhalten und odometrisch ermittelte gefahrene Trajektorien dokumentiert.

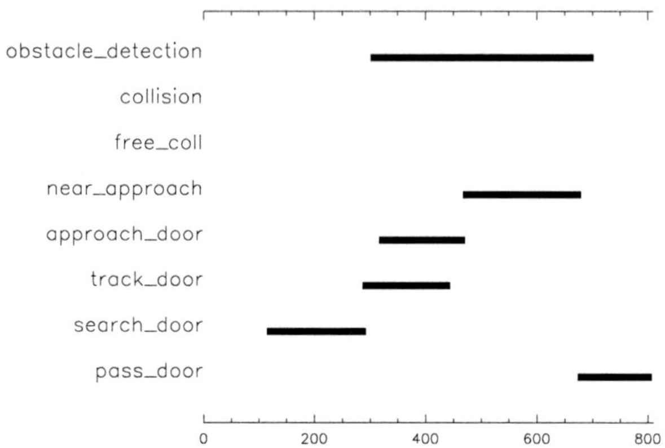

Abbildung 4.19: Verhaltensequenz zu Experiment 1, Türpassage ohne Störung: Aufgetragen ist die Aktivität der Verhalten über der Zeit. Ein Zeitschritt entspricht 100 ms, das gesamte Experiment dauert also insgesamt 70 Sekunden.

4.4.4.1 Passage der Tür ohne Störung

Beim Start des Experiments sind alle Verhalten des Roboters deaktiviert (Bild 4.19, $t = 0$). Unmittelbar nach dem Start beginnt der Roboter mit der visuellen Suche der Tür, da dieses Verhalten keine Bedingungen an die Sensorsituation oder die Aktivität anderer Verhalten stellt. Die Szene vor dem Roboter wird nach einer Tür abgesucht. Mit der Detektion der Tür wird der Sensorkontext des `track_door` Verhaltens erfüllt. `search_door` wird durch dessen Aktivierung unterdrückt ($t \approx 300$). Mit der Aktivierung von `track_door` werden auch `approach_door` und `obstacle_detection` angeschaltet. Kurz vor der Tür wechselt die Kontrolle über die Fahrplattform von `approach_door` auf `near_approach` ($t \approx 470$). Am Zielpunkt vor der Tür wird das Verhalten `pass_door` aktiv und der Roboter bewegt sich geradlinig durch den Türrahmen (Abb. 4.20 und 4.21).

Die Abbildungen 4.22 und 4.23 zeigen exemplarisch die dynamischen Variablen der Verhalten `search_door` und `track_door`. In Abb. 4.22 ist gut zu erkennen, wie kurz nach dem Start das Verhalten `search_door` aktiviert und bei $t \approx 300$ unterdrückt wird. Das Arbeitsgedächtnis m_i sinkt anschließend langsam ab, während Sensorkontext C_i und Refraktärterm ρ_i auf dem Wert eins bleiben. Die Aktivität von `track_door` wird hingegen stärker vom Sensorkontext bestimmt (Abb. 4.23). Die deutlich größere Wahl der Zeitkonstanten der Gedächtnisdynamik m_i ist hier gut zu erkennen.

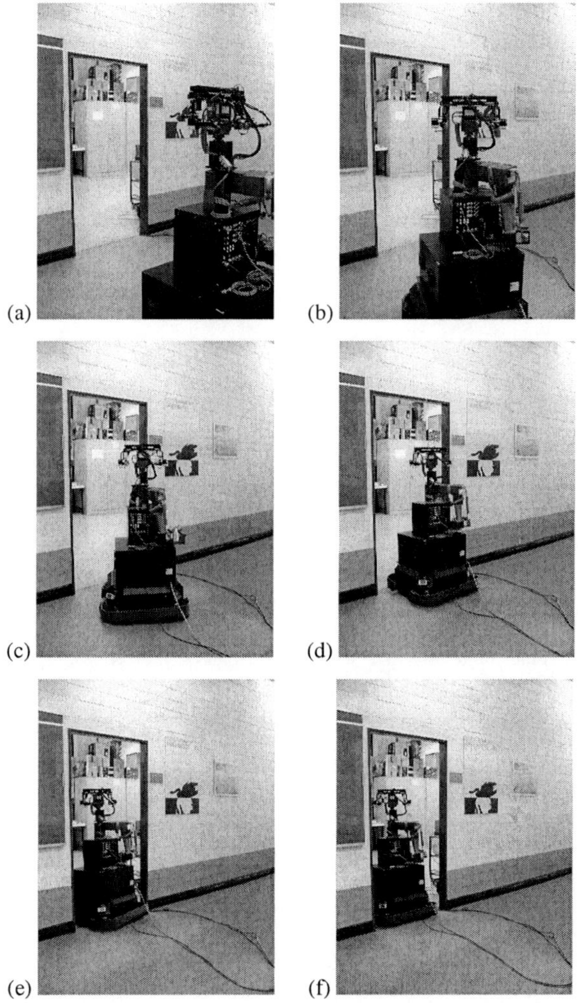

Abbildung 4.20: Passage der Tür ohne Störung: Der Roboter wurde schräg versetzt vor der Tür gestartet. Er navigiert in einer glatten Trajektorie auf die Tür zu und passiert den Türrahmen.

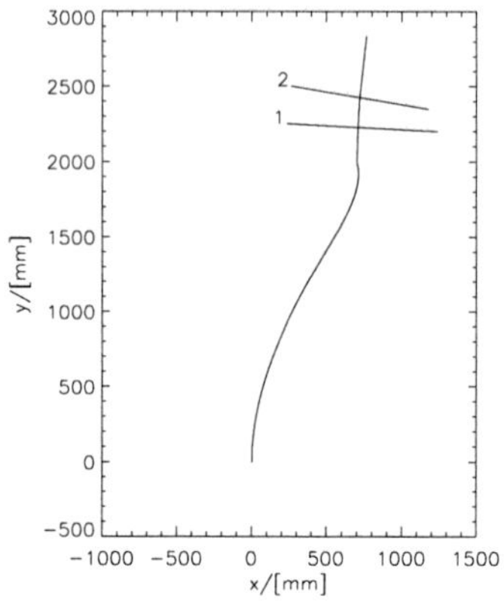

Abbildung 4.21: Bewegungstrajektorie des Roboters bei der Passage der Tür ohne Störung. Zusätzlich wurde die während der Anfahrt geschätzte Position der Tür eingetragen.

4.4.4.2 Passage der Tür mit Störungen

In den zwei nachfolgend beschriebenen Experimenten wurde die Sequenz durch provozierte Kollisionen mit einer Person in unterschiedlichen Phasen gestört. Im ersten Fall wird der Roboter blockiert, während das Verhalten `near_approach` aktiv ist (Abb. 4.24, 4.25 und 4.26). Bei $t \approx 600$ kommt es zum Kontakt mit dem Hindernis. Das Verhalten `collision` wird aktiv und unterdrückt `near_approach`. Damit sind die Bedingungen erfüllt, dass das Verhalten `free_coll` aktiv wird, der Roboter sich aus der Kollision löst und in Richtung Startpunkt zurücksetzt ($t \approx 650$). Parallel wird wieder die visuelle Suche und etwas später ($t \approx 950$) `track_door` aktiv. Nach dem Abschalten von `free_coll` kann daher sofort wieder die Anfahrt auf die Tür beginnen ($t \approx 1050$). Bei dieser zweiten Anfahrt kommt es zu keiner Störung und der Roboter beginnt bei $t \approx 1300$ den Türrahmen zu durchfahren. Der Ort der Kollision ist als Umkehrpunkt in der Trajektorie gut zu erkennen (Abb. 4.27). Durch die längere Sequenz ist die Tür entsprechend häufiger erkannt worden. Dabei schwanken die Positionsschätzungen der Türpfosten in der Abbildung um ca. 200 mm. Dieser Fehler ist etwas größer als der eigentliche Fehler des Sensors, da die Positionen in das Weltkoordinatensystem des Roboters eingetragen werden und daher den odometrischen Fehler der Plattform beinhalten. Zudem werden aus unterschiedlichen Perspektiven unterschiedliche Kanten der Türpfosten erkannt und stereoskopisch zugeordnet.

In einem weiteren Experiment wird der Roboter erst bei der Durchfahrt durch den Türrahmen gestört. Abbildung 4.28 zeigt, dass es zu der Kollision kommt, nachdem das Ver-

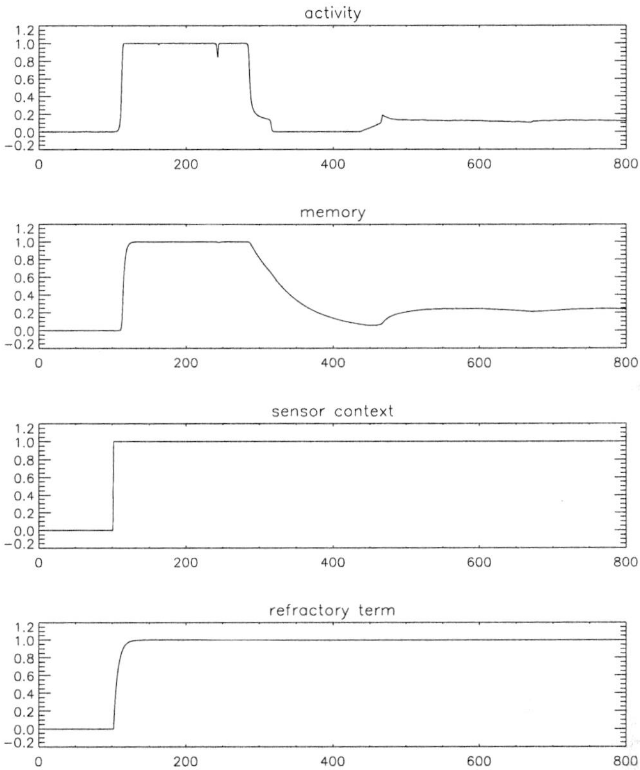

Abbildung 4.22: Aufzeichnung der Variablen für das Verhalten `search_door`. Von oben nach unten: Aktivität n_i, Arbeitsgedächtnis m_i, Sensorkontext C_i, Refraktär-Term ρ_i.

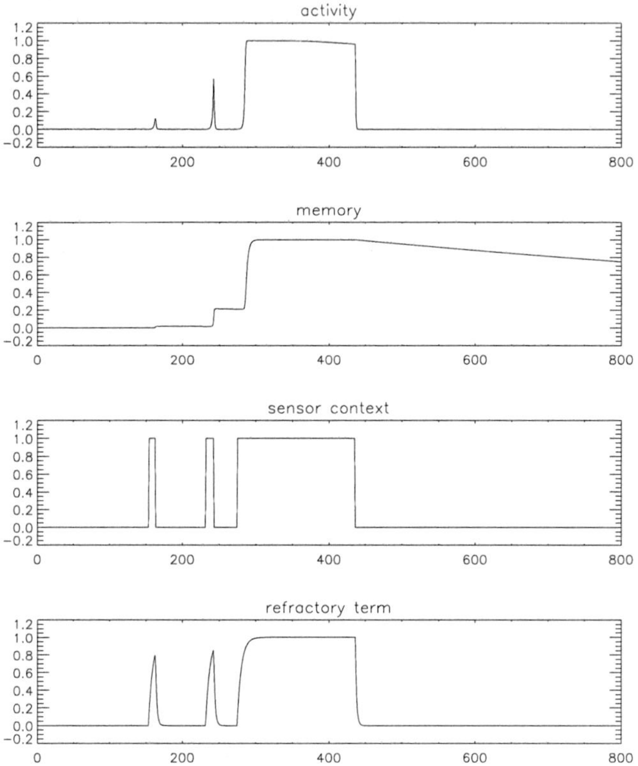

Abbildung 4.23: Aufzeichnung der Variablen für das Verhalten `track_door`. Von oben nach unten: Aktivität n_i, Arbeitsgedächtnis m_i, Sensorkontext C_i, Refraktär-Term ρ_i.

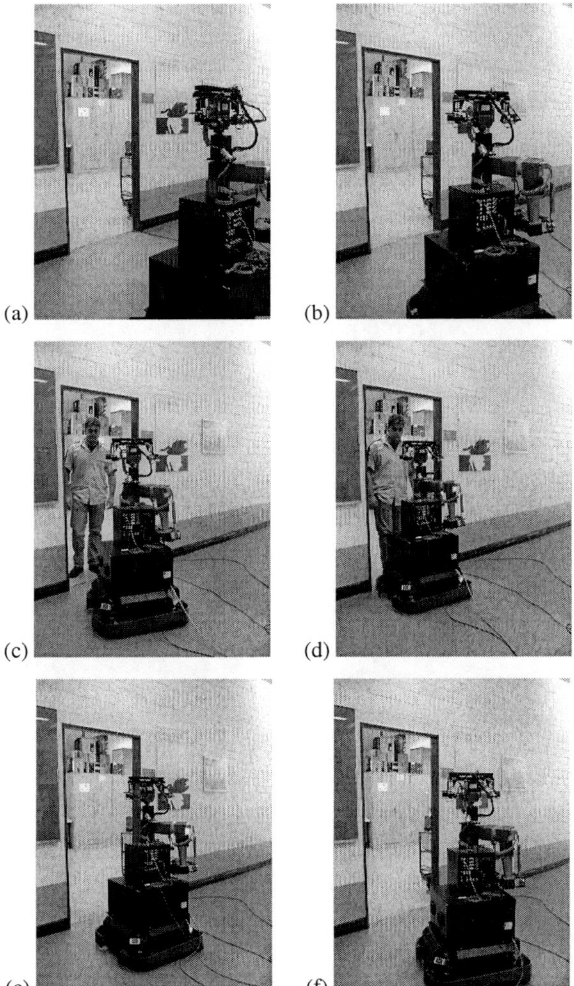

Abbildung 4.24: Türdurchfahrt (1), Erläuterungen siehe Abb. 4.25.

(g) 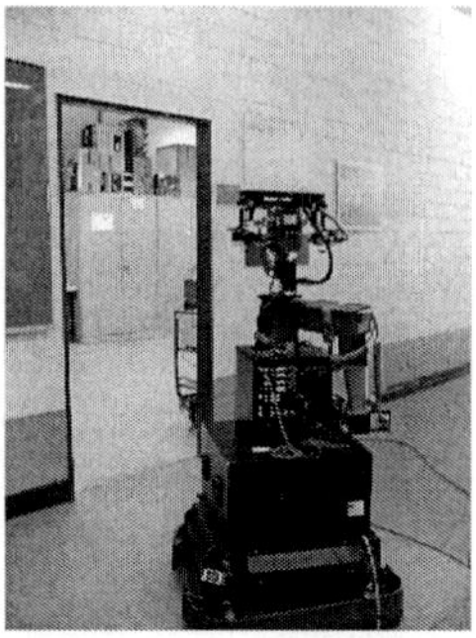

(h) 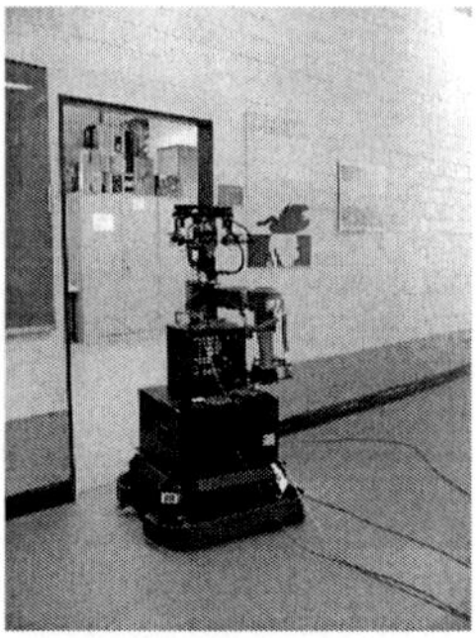

(i) 

(j) 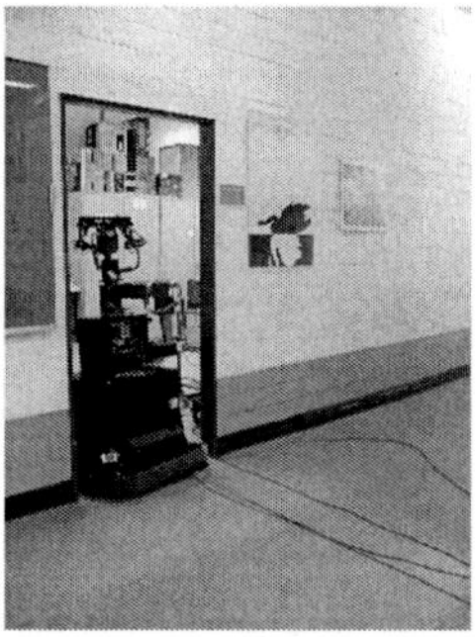

Abbildung 4.25: Türdurchfahrt (2): Der Roboter wurde schräg vor der zu durchfahrenden Tür platziert. Nach dem Start des Experiments wird zunächst die Tür mit Kopfdrehungen und Bildauswertungen gesucht (a) und anschließend mit Drehungen des Kamerakopfes fixiert. Gleichzeitig wird die Türöffnung mit einer glatten Trajektorie angefahren (b)(c). Im Türrahmen wird durch eine Person eine Kollision provoziert (d). Der Roboter setzt zurück (e)(f), fährt die Tür erneut an (g)(h) und passiert die Tür im zweiten Versuch (i)(j).

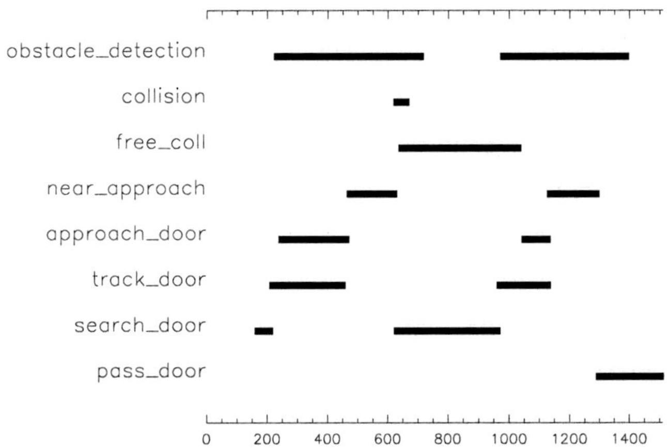

Abbildung 4.26: Verhaltenssequenz zu Experiment 2, Türpassage mit Kollision: Bei $t \approx 600$ kommt es zur Kollision. Anschließend wird das Verhalten `free_coll` aktiviert und die Anfahrtsequenz erneut generiert. Ein Zeitschritt entspricht 100 ms, die gesamte Sequenz dauert also etwas mehr als zwei Minuten.

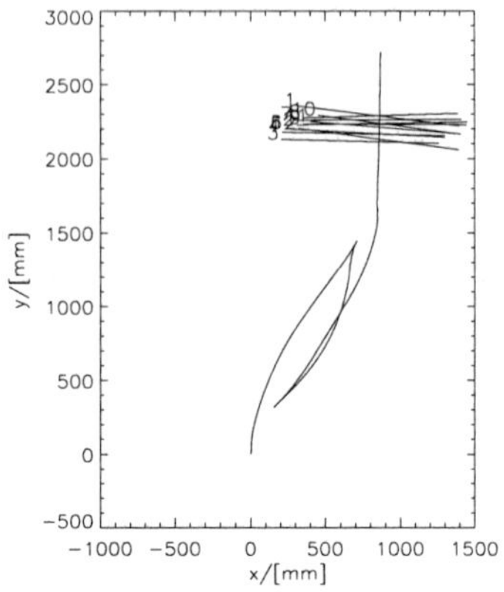

Abbildung 4.27: Trajektorie des Roboters in Experiment 2: Bei der Anfahrt kommt es etwa einen Meter vor der Tür zur Kollision mit dem Hindernis. Der zweite Versuch ist erfolgreich und der Roboter passiert den Türrahmen.

halten pass_door bereits aktiviert war. Zu diesem Zeitpunkt befand sich der Mittelpunkt des Roboters 200 mm vor der Schwelle der Tür, die vorderen Räder hatten die Tür also schon passiert. Die Dynamik des free_coll-Verhaltens sorgt hier dafür, dass sich der breite Korpus des Roboters nicht in der Tür verklemmt, sondern zunächst ohne Rotationsbewegung aus der Kollision gelöst wird (Abb. 4.29).

Dieses Experiment wurde mit weiteren Störungen des Ablaufs wiederholt. Es wurden in allen Phasen der Anfahrt Bumper-Kontakte der Fahrplattform ausgelöst, der Kamerakopf wurde mit einem Tuch abgedeckt oder die Tür wurde während der Anfahrt geschlossen. Im Falle eines mechanischen Kontakts wurde stets das Befreiungsverhalten free_coll aktiv und brachte den Roboter zurück in die Nähe des Startpunkts, wo die Sequenz neu begonnen wurde.

Wenn die Perzeption des Roboters vor der Aktivierung des near_approach Verhaltens gestört wurde, wurde track_door beendet, die visuelle Suche gestartet und eine Bewegung der Plattform gegebenenfalls gestoppt. Sobald die Störung entfernt wurde, nahm der Roboter die Sequenz wieder auf.

Eine Störung des Sensors nach der Aktivierung von near_approach hatte keine Auswirkungen auf die Sequenz, sie wurde von der Hindernisdetektion nur als Hindernis erkannt und die Bewegung des Roboters solange gestoppt, wie die Störung bestand. Das Verdecken beider Kameras wird von der invers perspektivischen Abbildung aufgrund der Symmetrie der Störung nicht als Hindernis erkannt, in diesem Fall fuhr der Roboter weiter. Die Expe-

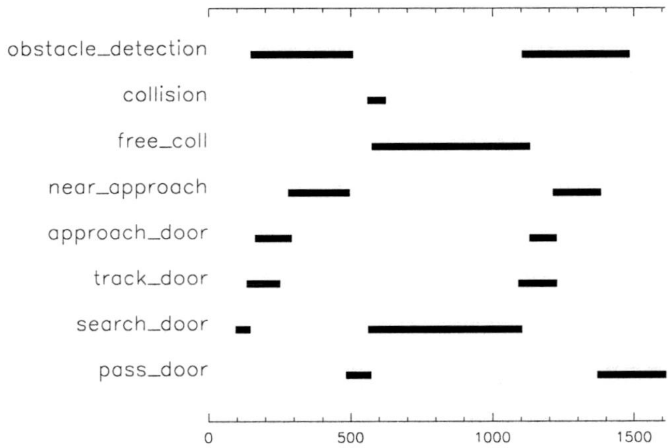

Abbildung 4.28: Verhaltenssequenz zu Experiment 3: In diesem Experiment kollidiert der Roboter mit dem Hindernis während das Verhalten `pass_door` aktiv ist (Zeilen `collision` und `pass_door`, $t \approx 550$).

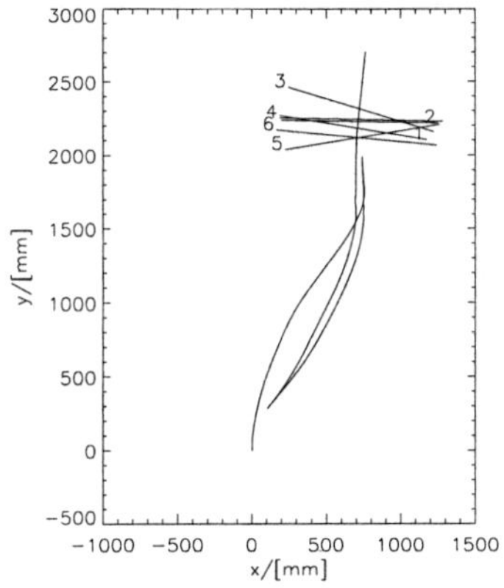

Abbildung 4.29: Trajektorie des Roboters in Experiment 3: Der Roboter befindet sich zum Zeitpunkt der Kollision zwischen den Türpfosten.

rimente demonstrieren die Robustheit und Flexibilität der Verhaltensorganisation in Bezug auf starke Störungen des Ablaufs. Der visuelle Sensor wird erfolgreich in einer gewöhnlichen Innenraumumgebung zur Verhaltensauswahl und zur Bewegungssteuerung des Roboters eingesetzt. Im nächsten Abschnitt wird zusätzlich die visuelle Szenenklassifikation zur Verhaltensauswahl verwendet.

4.4.5 Szenenklassifikation zur Verhaltensauswahl

In diesem Kapitel soll die Einbindung der Szenenklassifikation in die Verhaltensorganisation beschrieben werden (siehe auch Quispel 1998 sowie Steinhage und Bergener 1998).

Der Roboter hat in einem Raum mit zwei Türen die Aufgabe, eine der beiden als die zu durchfahrende zu erkennen. Dazu soll er auf jede erkannte Tür mit seinem Arm zeigen, aber nur auf die als Ziel trainierte Tür zufahren. Die Ansichten beider Türen werden dazu zusammen mit anderen Wandansichten des Raumes aus verschiedenen Entfernungen und Richtungen aufgenommen und mit dem Bildklassifikator trainiert.

Für diese Applikation werden folgende Verhalten des Roboters implementiert:

- `visual_search` und `tracking` sind wie in Abschnitt 4.4.3 zwei Verhalten, die eine Tür suchen bzw. eine gefundene Tür auch bei Eigenbewegung des Roboters fixieren können.
- `pointing` ist ein Zeigeverhalten des Roboters. Der Arm wird so bewegt, dass er in die Richtung einer erkannten Tür zeigt.
- `parking` fährt den Arm des Roboters in die Ruheposition.
- `safe` hält den Arm in dieser Ruheposition fest. Während der Roboter fährt, wird mit diesem Verhalten sichergestellt, dass der Arm nicht durch eine Kollision beschädigt werden kann.
- `local_navigation` fährt den Roboter auf eine erkannte Tür zu. Das Verhalten entspricht dem Verhalten `approach_door` in Abschnitt 4.4.3.
- `recognition` fordert von der Akquisitionsschnittstelle Bilder an, die an den Bildklassifikator gesendet werden.
- `door_1_recognized` wird aktiv, wenn die anzufahrende Tür erkannt wird.
- `door_2_recognized` wird aktiv, wenn die andere Tür erkannt wird.

Abbildung4.30 zeigt die Konfiguration des Experiments in der Beschreibungssprache. Hier sollen in Erweiterung des letzten Experiments zwei weitergehende Konzepte genauer erläutert werden. Neben der Integration der Szenenanalyse ist das die Koordination von Arm- und Plattformbewegungen.

```
behavior visual_search(
)

behavior tracking(
  competes visual_search;
)

behavior pointing(
  competes visual_search;
  requires visual_search;
  requires safe;
)

behavior parking(
  competes pointing;
  competes safe;
)

behavior safe(
  competes parking;
)
```

```
behavior local_navigation(
  competes visual_search;
  competes pointing;
  competes parking;
  requires tracking;
  requires safe;
  requires door_1_recognized;
)

behavior recognition(
  requires tracking;
  requires safe;
)

behavior door_1_recognized(
)

behavior door_2_recognized(
  competes tracking;
)
```

Abbildung 4.30: Die Konfiguration des Experiments zur Verhaltensorganisation durch Szenenerkennung in der Beschreibungssprache.

Der Roboter soll, sobald er eine Tür erkannt hat, diese fixieren und kurz mit dem Arm darauf zeigen. Dazu wurde für `tracking` eine Kompetition mit `visual_search` erzeugt, so dass das Suchverhalten beendet wird, sobald eine Tür erkannt wurde. Das Verhalten `pointing` wird mit einer `competes`- und einer `requires`-Klausel mit dem Verhalten `visual_search` verknüpft. Diese scheinbar widersprüchliche Festlegung einer Kompetition und einer Vorbedingung erzeugt, dass das Zeigeverhalten nur kurz aktiv bleibt, nämlich genauso lange, bis das `visual_search`-Verhalten vergessen wird. Zudem wird über die Zeile `requires safe` erzwungen, dass der Arm geparkt werden muss, bevor er erneut auf eine Tür zeigen kann.

Damit der Roboter nach dem Erkennen der „falschen" Tür die Suche fortsetzt, unterdrückt `door_2_recognized` das Verhalten `tracking`, so dass `visual_search` wieder aktiv werden kann. Damit die Zufahrt auf die Ziel-Tür beginnen kann, muss dann `door_1_recognized` aktiv sein, der Arm muss sich in der Parkposition befinden (`requires safe;`) und das Ziel muss fixiert werden (`requires tracking;`).

Eine typische Verhaltenssequenz dieses Experiments ist in den Abbildungen 4.31 und 4.32 dargestellt: Der Roboter befindet sich vor der Szene mit den zwei Türen. Die anzufahrende Tür ist die geschlossene, links im Bild. Der Roboter beginnt mit der visuellen Suche und findet zunächst die „falsche" Tür, rechts im Bild. Er fixiert sie, zeigt darauf, erkennt sie als Tür 2, und setzt daraufhin die visuelle Suche fort (Abb. 4.31 Bild 2 und Abb.4.32 $t = 45$ sek.). Bei $t = 85$ sek. wird die Zieltür detektiert, der Roboter zeigt darauf

Abbildung 4.31: Ablauf des Experiments zur Verhaltensorganisation mittels Szenenklassifikation als Bilderserie.

(Abb. 4.31 Bild 4 und Abb.4.32 $t = 90$ sek.) und erkennt sie kurze Zeit später als Tür 1 ($t = 110$ sek.). Sobald der Arm die Parkposition erreicht hat, beginnt der Roboter, auf diese Tür zuzufahren (Abb. 4.31 Bild 6 und Abb.4.32 $t = 140$ sek.). Das Experiment konnte mit diesem Verlauf mit großer Robustheit wiederholt werden. Die Koordination von Arm- und Plattformbewegung, d. h. die Blockade des Navigationsverhaltens während der Armbewegungen funktionierte in jedem Fall. Verdeckungen der Szene, z. B. durch Personen, die sich neben die Türzargen stellten, führten zu großen Abständen des Merkmalsvektors zu den Klassenmittelpunkten und damit zu einer unzureichenden Konfidenz der Klassifikation, so dass keine Klassenzuweisung erfolgte, oder es erfolgte die Zuweisung einer anderen Klasse als Tür 1 oder Tür 2. In diesen Fällen zeigte sich ein Fehler in der Festlegung der Applikation bzw. deren Konfiguration. Falls eine Tür weder als Tür 1 noch als Tür 2 erkannt wurde, blieb das Verhalten `tracking` aktiv und das System verblieb in diesem Zustand, bis die Personen die Szene räumten und die Szene wieder als eine der trainierten erkannt wurde. Solch eine „Verklemmung“ des Systems sollte durch eine geeignete Konfiguration der Verhalten vermieden werden. Dem wurde durch eine Veränderung von `door_2_recognized` Rechnung getragen: Statt dass der Sensorkontext auf eins gesetzt wird, wenn exakt die Tür 2 erkannt wird, wird jedes Klassifikationsergebnis außer Tür 1 als Sensorkontext genommen. Durch diese Wahl wird bei einer Klassifikation als „nicht Tür 1“ das Suchverhalten wieder aktiviert und das System bleibt aktiv - die Verklemmung wird vermieden.

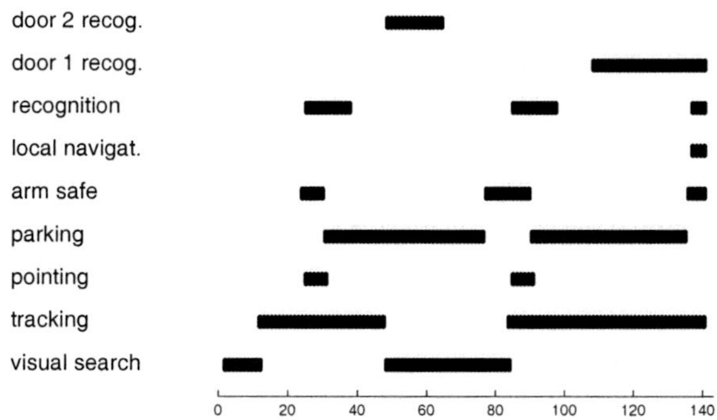

Abbildung 4.32: Eine typische Verhaltenssequenz des Experiments zur Verhaltensorganisation mittels Szenenerkennung. Aufgetragen ist die Aktivität der Verhalten über der Zeit in Sekunden. Erläuterungen siehe Text.

Im Experiment (Abb. 4.32) fallen die langen Verzögerungen zwischen der Aktivität von `recognition` und dem Einschalten von `door_1_recognized` bzw. `door_2_recognized` auf. Diese Verzögerung von ca. 20 Sekunden ist einerseits auf die Übertragung der Bilddaten durch das Netzwerk des Roboters zurückzuführen, die in diesem Experiment nicht optimal gelöst wurde, andererseits benötigt die Berechnung der Bildpyramide und die Extraktion der Bildmerkmale mehrere Sekunden. Diese Zeit wurde hier durch die Verwendung von Stereobildern nochmals verdoppelt. Dadurch wurde zwar das Laufzeitverhalten der Applikation verschlechtert, die Funktion der Verhaltensorganisation aber nicht beeinflusst.

4.4.6 Diskussion

Die im vorangegangenen Abschnitt beschriebenen Experimente zeigen die erfolgreiche Umsetzungen einiger Anforderungen an autonome Systeme, lassen aber gleichzeitig Limitierungen dieses Ansatzes erkennen.

Untersucht man die Ergebnisse aus Abschnitt 4.4.4 und 4.4.5 im Hinblick auf die in Abschnitt 1.2.7 angegebenen Anforderungen an autonome Systeme, so lässt sich die entwickelte Verhaltensorganisation folgendermaßen bewerten: Die Einführung des Sensorkontextes erzeugt die geforderte Reaktivität des Systems. Eine Änderung des Sensorkontextes wirkt augenblicklich auf die Verhaltensauswahl und deaktiviert nicht adäquate Verhalten auf der Zeitskala der Aktivierungsdynamik. Kompetitionen und Aktivierungsbedingungen ermöglichen die Einrichtung unterschiedlicher Zwänge an die Aktivierung der einzelnen Verhalten, so dass sich die unterschiedlichen Applikationen flexibel parametrisieren lassen.

Ebenso wird die Fähigkeit zur Parallelisierung von Abläufen deutlich, z. B. wenn der Roboter, während er nach einer Kollision rückwärts fährt, bereits wieder mit der Suche der Tür beginnt, oder wenn der Roboter gleichzeitig auf eine Tür zeigt und der Kopf bereits die nächste Tür sucht (Abschnitt 4.4.5).

Die Robustheit des Systems wurde mit den Experimenten gut gezeigt. Es reagiert stabil auf starke Störungen und nutzt den relativ leicht zu störenden visuellen Sensor der Tür- und Szenenerkennung problemlos. Zudem baut die Verhaltensorganisation auf den im geschlossenen Regelkreis arbeitenden Verhalten auf, die selbst bereits ein hohes Maß an Robustheit gegen verrauschte oder fehlerhafte Sensorsignale besitzen.

Die Verwendung von Standard-Hardware-Komponenten zeigt die gute Realisierbarkeit der Architektur. Der Bedarf an Rechenleistung für die Auswertung der Verhaltensorganisation ist unbedeutend, wenn man sie mit dem Bedarf der Bildverarbeitungs- und Steuermodule vergleicht. Zudem ist die Implementierung, trotz der vielen dynamischen Größen, sehr kompakt. Der Kern der Architektur, das iterierte dynamische System, umfasst weniger als 100 Zeilen C++-Code, so dass die Implementierung wenig fehlerträchtig und leicht wartbar ist. Die Kapselung der Verhalten gegen die Verhaltensorganisation und die schmale Schnittstelle dieser beiden Instanzen, gegeben durch den Austausch von Sensorkontext und Aktivierung, unterstützt die einfache Realisierbarkeit und macht eine verteilte Implementierung leicht.

Gleichzeitig zeigen sich mehrere Limitierungen des Ansatzes: Das System strebt zur Laufzeit genau ein übergeordnetes Ziel an, in diesem Fall die Passage der Tür. Die Erzeugung mehrerer Ziele, die mit einer modulierbaren Motivation angestrebt werden, ist nicht möglich. Damit werden die Möglichkeiten zum sinnvollen Einsatz der Architektur stark eingeschränkt. Ebenso vermisst man eine Struktur, die den logischen Zusammenhang der einzelnen Verhalten in Bezug auf Zustände in der Welt repräsentiert - die Darstellung eines Kausalitätsprinzips. Im bisher entwickelten System obliegt dem Programmierer die Aufgabe, aus der Kenntnis der einzelnen Verhalten und dem Verständnis ihrer Wirkung auf das System die Verhaltensorganisation geeignet zu parametrisieren. Genau dieses Verständnis von Vorbedingungen, Aktionen und Effekten fehlt, um dem System selbst die Fähigkeit zur Planung zu geben. In Kapitel 5 wird das System um diese Fähigkeiten erweitert

Die Verhaltensorganisation, wie sie bis hier entwickelt ist, ist nicht adaptiv. Der Parametersatz, der das Verhalten des Roboters bestimmt, wird zur Laufzeit nicht verändert. Lernfähigkeit ist zwar keine Kernanforderung an autonome Systeme, ist im Hinblick auf den Einsatz in veränderlichen Umwelten und mögliche Entwurfsfehler aber unbedingt sinnvoll. Fehlende oder falsch gewählte Regeln in der Verhaltensorganisation können verhindern, dass der Roboter seinen Zielzustand erreicht. In Kapitel 6 wird die Architektur daher um einen lernfähigen Aufsatz erweitert.

Ansätze für die Lösung der Aufgabe, eine gewöhnliche Tür mit einem autonomen Roboter zu durchfahren, sind in der Literatur kaum vorhanden. Nagatani und Yuta (1996 und 1994) beschreiben eine konservative Lösung, in der Aktionsabläufe fest programmiert werden und alle Trajektorien im offenen Regelkreis geplant werden. Mechanismen zur Reaktion auf Fehler werden nicht realisiert.

5 Planen in autonomen Agenten

> **Planen:** *verb. trans.* Sich Sorgen um die beste Methode zur Herbeiführung eines zufälligen Ereignisses machen.
>
> Ambrose Pierce

Kapitel 4.4 hat die Eignung des dynamischen Systems zur Verhaltensorganisation für die äußerst flexible und robuste Bewältigung einfacher Aufgaben demonstriert, aber gleichzeitig die Limitierungen dieser untersten Kontrollebene offengelegt. In diesem Abschnitt soll die Architektur daher um die Repräsentation unterschiedlicher Ziele und die Fähigkeit, Sequenzen zu planen, erweitert werden.

5.1 Bestehende Ansätze

Planen bedeutet, dass das System aus der Kenntnis der Effekte seiner möglichen Aktionen Handlungssequenzen von einer Ausgangssituation bis zu einem Zielzustand entwickeln und repräsentieren kann. In der künstlichen Intelligenz ist Planen seit langem ein wichtiges Forschungsfeld. Die Ansätze gehen in der Regel von einem expliziten vollständigen Weltwissen aus, auf das ein regelbasiertes System oder ein Produktionssystem zugreift. Durch Suchverfahren wird eine Aktionssequenz entwickelt, die einen gegebenen Startzustand in einen Zielzustand überführt (Görz 1993, S. 792). Dazu wird jede Aktion mit Vorbedingungen und Nachbedingungen attributiert, so dass die Anwendbarkeit einer Aktion und deren Konsequenzen zu jedem Zeitpunkt geprüft werden können. Die Forschung konzentriert sich in diesem Feld auf den Umgang mit inkonsistentem oder unvollständigem Wissen (durch nicht-monotones Schließen, z. B. Default-Logik) und der Lokalität der Wirkung von Aktionen (Frame-Problem). Diese Ansätze erweitern die klassische Prädikaten-Logik und übernehmen deren zentrale Forderung nach einer symbolischen Repräsentation der Problemdomäne.

Fike und Nilsson wandten schon 1971 einen symbolischen Planer zur Steuerung des autonomen Roboters *Shakey* an. *Shakey* operierte allerdings in einer stark verarmten Umwelt mit einfarbig weißen Wänden und einfachen vereinzelten Objekten. Die Zeit wurde nicht als kontinuierlich angenommen, sondern unterscheidet nur die Zustände vor und nach Aktionen des Roboters. *Shakeys* Planungssystem lag die so genannte STRIPS[1]-Annahme zu Grunde: Sie besagt, dass kein Prädikat seinen Wert durch ein Ereignis ändern darf, sofern nicht der Operator, der dieses Ereignis repräsentiert, explizit diese Änderung angibt.

Damit werden sowohl Kontextabhängigkeiten von Operatoren als auch „Schneeballeffekte", d. h. mittelbare Konsequenzen von Aktionen, ausgeschlossen (siehe auch Hertzberg 1994). Unter diesen Annahmen ist die Aktionsplanung des Roboters im offenen Regelkreis möglich.

Agre und Chapman (1987) kritisieren die Verwendung klassischer Planungsmethoden in realen Umwelten. Nach ihrer Meinung sind reale Situationen für diese Systeme zu komplex, zu unsicher und erfordern zu schnelles Handeln. Die Verfahren scheitern an der kombinatorischen Explosion der Anzahl möglicher Situationen und damit an der zur Planung benötigten Rechenzeit. Eine reale Umwelt ist nicht geeignet, um mit Symbol- und Prädikatmengen dargestellt zu werden.

Haigh und Veloso (1997) nennen die gängigen Techniken zum Umgang mit Unsicherheiten und Unvorhersagbarkeiten in einer realen Umwelt: a) Unsicherheiten werden ignoriert. Die Umweltsituation wird nach jeder Aktion neu ausgewertet und das System plant eine neue Aktion. b) Unsicherheiten werden soweit wie möglich berücksichtigt und formuliert. Aktionssequenzen werden in voller Länge geplant und ausgeführt. c) Es werden nur die wahrscheinlichsten Fälle vorausgeplant und bei Fehlern der Plan variiert.

Viele Arbeiten folgen der ersten Strategie, versuchen aber geeignete Konzepte zur sicheren und robusten Ausführung der Aktionen zu finden. Saffiotti (1993) verwendet z. B. einen Fuzzy-Controller zur Ausführung der Roboter-Aktionen. Hertzberg, Jaeger, Zimmer und Morignot (1998) koppeln einen symbolischen Planer mit einem dynamischen System zur Verhaltenssteuerung (Dual-Dynamics-Architektur).

Der zweite von Haigh und Veloso (1997) genannte Weg, der der vollständigen Berücksichtigung von Unwägbarkeiten, wird bei der Formulierung des Planungsproblems durch Markow-Ketten gewählt. In dieser Anwendung auf Aktionsauswahlprobleme autonomer Agenten spricht man oft auch von *Dynamic Programming*. Markow-Entscheidungs-Prozesse gehen von einer abzählbaren Menge diskreter Weltzustände S und einer ebenso abzählbaren Menge von Aktionen U aus. Eine Aktion u überführt das System vom Zustand i in den Zustand j mit der (bekannten) Wahrscheinlichkeit $p_{ij}(u)$. Unmittelbar nach dieser Aktion erhält das System die (ebenfalls a priori bekannte) Belohnung $c_i(u)$. Ziel des *Dynamic Programming* ist nun, eine bezüglich der kumulativen Belohnung optimale Sequenz von Aktionen zu einem Zielzustand zu finden. Barto, Bradtke und Singh (1995) fassen die wichtigsten Verfahren zur Lösung dieses Problems zusammen. Obwohl mehrere Algorithmen zur Lösung dieses Problems existieren, die für einfache Einschränkungen stets konvergieren, ist die Anwendung auf die Aktionsplanung für reale Roboter problematisch (Mataric 1994): Roboter und Umwelt werden als synchronisierte endliche Automaten angenommen und interagieren in diskreten Zeitschritten. Diese Annahme ist in realen Umwelten unhaltbar und kann auch durch die Darstellung der Aktionen durch endlich dauernde

[1] Stanford Research Institute Problem Solver

Handlungen nicht erfüllt werden. Der Roboter kann den Zustand, in dem er sich befindet, nicht mit absoluter Sicherheit bestimmen[2]. Nicht jede Aktion überführt das System in einen neuen Zustand und die Annahme einer messbaren Belohnung $c_i(u)$ ist nicht realistisch. Ein probabilistisches Modell der Zustände und Aktionen eines realen Roboters ist dabei weder vorhanden, noch mit realistischem Aufwand schätzbar.

Die direkte Rückkopplung der Wahrnehmung des Roboters auf seine Verhaltensplanung und damit eine Realisierung des dritten Weges nach Haigh und Veloso (1997) wurde erstmals von Maes (1989) realisiert. In ihren *Behavioral Networks* ersetzt ein konnektionistisches Schema die Suche in einem Zustandsraum. Die Verhalten des Roboters bilden Knoten in diesem Netz. Vor- und Nachbedingungen der Verhalten übertragen Votierungen für andere Verhalten durch das Netz und variieren damit die Aktivierungsparameter der anderen Verhalten. Wird z. B. ein Ziel aktiviert, beginnt dieses die Verhalten anzuregen, die seine Vorbedingungen realisieren. Ebenso hemmt es Verhalten, die mit den Vorbedingungen kollidieren. Diese Votierungen pflanzen sich durch das Netzwerk fort. Eine *Winner-Take-All*-Auswahl aktiviert stets ein einzelnes Verhalten. Der Vorteil diese Ansatzes liegt in der direkten Ankopplung der Sensor-Informationen an den Planungsprozess und der Robustheit des Systems gegen Störungen.

Der Ansatz der *Behavioral Networks* implementiert damit mehrere Eigenschaften, die auch in der hier entwickelten Verhaltensorganisation realisiert werden sollen. Aus dem Schema von Maes (1989) werden daher verschiedene grundsätzliche Ideen übernommen und im folgenden Abschnitt umgesetzt.

5.2 Erweiterung des dynamischen Systems

Das hier zu entwickelnde Planungssystem soll den modularen Charakter der bestehenden Verhaltensorganisation und deren mathematische Prinzipien übernehmen. Obwohl das Planungssystem eine höhere Ebene des Kontrollsystems darstellt, wird auf eine enge Kopplung mit dem bereits beschriebenen System zur Verhaltensorganisation geachtet. Wie in Maes' *Behavioral Networks* wird für dieses System ein konnektionistisches Schema subsymbolischer kontinuierlicher Variablen entwickelt. Der Fähigkeit der Verhaltensorganisation, Aktionen zeitlich parallel auszuführen, soll beim Entwurf Rechnung getragen werden. Ebenso soll das System in der Lage sein, mehrere Ziele gleichzeitig zu repräsentieren und anzustreben.

Es ist sinnvoll, die Ziele des Systems als Verhalten zu verstehen, zu deren Aktivierung der Roboter motiviert ist (siehe auch Balkenius 1993a, 1993b). Motivation ist also eine Eigenschaft eines Elementarverhaltens und wird ebenso dargestellt: Eine Variable C_i^{goal} kennzeichnet durch $C_i^{\text{goal}} = 1$ die maximale Motivation, das Verhalten i zu aktivieren. Für $C_i^{\text{goal}} = 0$ wird das Verhalten entsprechend nicht angestrebt. Werte zwischen null und eins

[2] Dieses Problem wird als *Partially Observable Markov-Decision-Problem* bezeichnet, siehe z. B. Pack Kaelbling, Littman und Cassandra 1998.

erlauben eine Priorisierung der Ziele.

Um den Einfluss von Motivation und Planung in die Verhaltensorganisation zu integrieren, wird der bekannte Sensorkontext C_i eines Verhaltens im Folgenden neu verstanden. Die Anwendbarkeit eines Verhaltens in Abhängigkeit des aktuellen Sensoreindrucks ist für das planende System nur ein Faktor von mehreren, der die Aktivierung des Verhaltens steuert. C_i wird daher nur noch als Kontext des Verhaltens bezeichnet und aus unterschiedlichen Variablen berechnet. Der Sensorkontext wird ab jetzt C_i^{s} genannt. Ein Sensorkontext $C_i^{\mathrm{s}} = 1$ wird wie bisher notwendige Bedingung für die Aktivierung eines Verhaltens i sein.

Um die Autonomie und Robustheit des Systems zu bewahren, wird ein Teil des Verhaltensrepertoires unabhängig von Motivationen und Zielen arbeiten. So muss z. B. sichergestellt werden, dass sich der Roboter zu jeder Zeit und unabhängig von seiner aktuellen Aufgabe aus Gefahrensituationen befreien kann. Dazu wird ein Teil der Verhalten über die Variable C_i^{default} mit $C_i^{\mathrm{default}} = 1$ gekennzeichnet. Für Verhalten, die vom Planungssystem abhängen, wird $C_i^{\mathrm{default}} = 0$ gesetzt.

Der Einfluss von Motivation und Planung auf ein Verhalten i wird im so genannten *externen Kontext* C_i^{e} zusammengefasst. Er wird hier als extern bezeichnet, weil das gekapselte Elementarverhalten keinen Einfluss auf ihn hat, im Gegensatz zum intern berechneten Sensorkontext C_i^{s}.

Das Planungsschema wird nun dadurch realisiert, dass im System Wissen darüber kodiert wird, wie ein Verhalten durch Aktivierung anderer Verhalten den eigenen Sensorkontext erzeugen kann, und damit die Voraussetzung für die eigene Aktivierung schafft. Dazu wird ein Votum-Schema, basierend auf einer Matrix $\mathbf{V} \in \mathbb{R}^{\mathbf{m}\times\mathbf{m}}$, implementiert. Ein Element $V_{i,j}$ wird dann auf eins gesetzt, wenn das Verhalten j den Sensorkontext für Verhalten i erzeugen kann, sonst ist $V_{i,j} = 0$. Wird Verhalten i durch $C_i^{\mathrm{goal}} = 1$ als Ziel gekennzeichnet, oder erhält es selbst eine Votierung von einem anderen Verhalten, so dass $C_i^{\mathrm{e}} = 1$, und ist der Sensorkontext des Verhaltens i nicht erfüllt ($C_i^{\mathrm{s}} = 0$), dann votiert es für alle Verhalten j für die gilt $V_{i,j} = 1$, mit $0 \le j \le m$, $j \ne i$.

Im Hinblick auf die bereits bestehende Verhaltensorganisation macht es Sinn, stets auch für die Verhalten zu votieren, die gemäß der $\mathbf{A}$-Matrix für die Aktivierung des Verhaltens i benötigt werden. Die Voten für ein Verhalten i werden in der Variablen C_i^{voting} folgendermaßen zusammengefasst (zu der verwendeten unscharfen Logik siehe Anhang B):

$$\begin{aligned}
C_i^{\mathrm{voting}} &= ((A_{1,i} \vee V_{1,i}) \wedge C_1^{\mathrm{e}} \wedge \overline{C_1^{\mathrm{s}}}) \vee ((A_{2,i} \vee V_{2,i}) \wedge C_2^{\mathrm{e}} \wedge \overline{C_2^{\mathrm{s}}}) \\
&\quad \ldots \vee ((A_{m,i} \vee V_{m,i}) \wedge C_m^{\mathrm{e}} \wedge \overline{C_m^{\mathrm{s}}}) \\
&= 1 - \prod_{1 \le k \le m} (1 - (A_{k,i} \vee V_{k,i}) C_k^{\mathrm{e}} (1 - C_k^{\mathrm{s}})) \\
&= 1 - \prod_{1 \le k \le m} (1 - (1 - (1 - A_{k,i})(1 - V_{k,i})) C_k^{\mathrm{e}} (1 - C_k^{\mathrm{s}})) \\
&= 1 - \prod_{1 \le k \le m} ((1 - V_{k,i} - A_{k,i} + A_{k,i} V_{k,i}) C_k^{\mathrm{e}} (1 - C_k^{\mathrm{s}})) \qquad (5.1)
\end{aligned}$$

Damit wird auch die Definition des externen Kontext durch

$$\begin{aligned} C_i^{\mathrm{e}} &= C_i^{\mathrm{goal}} \vee C_i^{\mathrm{voting}} \\ &= 1-(1-C_i^{\mathrm{goal}})(1-C_i^{\mathrm{voting}}) \end{aligned} \quad (5.2)$$

festgelegt. Der Kontext C_i soll nun gleich eins werden, wenn das Verhalten i entweder unabhängig von Motivationen und Planungen ist, also $C_i^{\mathrm{default}} = 1$, oder der externe Kontext C_i^{e} gleich eins ist und als notwendige Bedingung die erforderliche Sensorsituation gegeben ist, angezeigt durch $C_i^{\mathrm{s}} = 1$. C_i ist dann

$$\begin{aligned} C_i &= (C_i^{\mathrm{e}} \vee C_i^{\mathrm{default}}) \wedge C_i^{\mathrm{s}} \\ &= (1-(1-C_i^{\mathrm{e}})(1-C_i^{\mathrm{default}}))C_i^{\mathrm{s}} \ . \end{aligned} \quad (5.3)$$

Alle Gleichungen werden, wie das übrige dynamische System, iterativ ausgewertet, so dass nach maximal m Iterationen die Votierungen bei konstanten Motivationen und Sensorkontexten ebenfalls konstant bleiben.

Die Funktion und die Eigenschaften des Planungsschemas werden in den Abschnitten 5.3.3, 5.3.4 und 5.3.5 dargestellt. Die nachfolgenden Abschnitte beschreiben die dazu verwendete Simulationsumgebung und die implementierten Verhalten.

5.3 Experimente

5.3.1 Simulationsumgebung

Für die weiteren Beispiele und Experimente wird aufgrund der steigenden Komplexität der Aufgaben anstelle des Roboters ARNOLD eine Simulationsumgebung verwendet (Abb. 5.1).

Da die Information, die dem Planer über die Welt zur Verfügung steht, nur durch die Sensorkontexte gegeben ist und die gute Verfügbarkeit dieser Information durch die Experimente mit dem realen Roboter gezeigt werden konnte, lässt eine erfolgreiche Umsetzung des Planers in der Simulation auch auf eine Eignung für den Einsatz auf dem realen Roboter schließen.

In der Simulation agiert ein einfacher Roboter und leistet in einer zweidimensionalen Umgebung voller Hindernisse, Greif- und Zielobjekte einfache Hol- und Bringedienste. Die Objekte in der Umwelt unterscheiden sich in ihrer Farbe: Hindernisse sind grau und Greifobjekte rot. Es gibt zwei Zielobjekte, auf denen die Greifobjekte abgelegt werden sollen, ein grünes am oberen Rand der „Welt“ und ein blaues am unteren Rand.

Der Roboter lässt sich in Geschwindigkeit und Vorausrichtung steuern. Er verfügt über einen Odometriesensor mit einstellbarem Fehler (Drift und Rauschen in der Messung der Eigenbewegung). Seine Bewegung wird durch im Weg liegende Objekte jedweden Typs gestoppt. Ein unmittelbar vor ihm liegendes kleines Objekt kann der Roboter aufnehmen und es an beliebiger Stelle wieder vor dem Körper ablegen. Er besitzt eine radial angebrachte

Kette von 36 optischen Sensoren, die die Farbe und Entfernung von Objekten in der jeweiligen Richtung mittels eines „Meßstrahls“ ermitteln. Ein Bumper erkennt den Kontakt mit einem Hindernis und liefert ein Signal für „Kontakt“ oder „kein Kontakt“.

5.3.2 Implementierte Verhalten

Für diesen simulierten Roboter wurden zehn Verhalten implementiert. Drei Verhalten navigieren den Roboter durch seine Umwelt, wobei sie entweder die Greifobjekte (`target_red_box`), das grüne (`target_green_box`) oder das blaue (`target_blue_box`) Zielobjekt als Ziel der Navigation erkennen und allen anderen Objekten ausweichen. Die Navigationsverhalten arbeiten gedächtnislos und reagieren nur auf die aktuelle Sensor-Eingabe. Ein weiteres Navigationsverhalten realisiert eine Zufallsfahrt durch die Welt, indem es ziellos umhersteuert und allen Objekten ausweicht (`wander`). Alle diese Verhalten implementieren das Navigationsverfahren von Steinhage (1997), S. 63ff: Für jedes Verhalten wird ein dynamisches System für die Vorausrichtung des Fahrzeugs implementiert, in das die Richtungen der Zielobjekte mit anziehenden Kräften und breiten Einflussbereichen einkoppeln, während die Richtungen von Hindernissen abstoßend mit schmalen Einflussbereichen einkoppeln. Die genannten Verhalten unterscheiden sich nur in ihrer Klassifikation von Zielen und Hindernissen. So sind z. B. für das Verhalten `target_red_box` rote Objekte Ziele, während alle anderen Farben als Hindernisse interpretiert werden.

Analog zu den Experimenten in Abschnitt 4.4 werden zwei Verhalten `collision` und `free` hinzugefügt, die den Roboter im Fall einer Kollision stoppen bzw. ihn aus der Kollision lösen.

Das Verhalten `grasp_red_box` greift ein rotes Objekt, das direkt vor der Frontseite des Roboters liegt. Die Verhalten `drop_red_box_on_blue` bzw. `drop_red_box_on_green` legen ein Objekt vor dem Roboter ab, sofern er zuvor ein Objekt aufgenommen hat und er mit seiner Frontseite ein blaues bzw. grünes Objekt berührt. Das Verhalten `stop` stellt ein Ruheverhalten dar.

Die zwei möglichen Ziele des Systems sollen darin bestehen, alle roten Greifobjekte entweder auf des blaue oder das grüne Zielobjekt zu stellen. Dazu wird die Kompetitionsmatrix wie folgt belegt:

- `collision` unterdrückt alle anderen Navigationsverhalten außer `free`.
- `free` unterdrückt alle anderen Navigationsverhalten.
- Alle Navigationsverhalten unterdrücken `stop`.
- `target_blue_box` und `target_green_box` kompetieren wechselseitig.
- `grasp_red_box`, `drop_red_box_on_blue` und `drop_red_box_on_green` unterdrücken `free`.

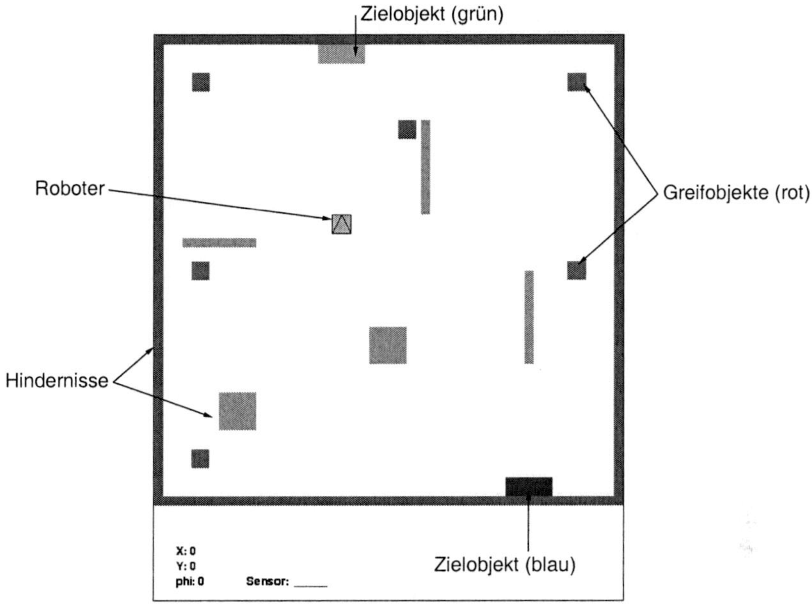

Abbildung 5.1: Simulationsumgebung: Der Roboter bewegt sich in einer zweidimensionalen Welt voller farbiger Objekte und grauer Hindernisse. Ein Satz von Elementarverhalten soll es ihm ermöglichen, die Greifobjekte aufzunehmen, sie zu einem der beiden Zielobjekte zu bringen und dort abzulegen. 36 zyklisch angeordnete Farb- und Entfernungssensoren ermöglichen die Suche der Objekte und die Hindernisvermeidung.

Die Vorbedingungsmatrix **A** hat nur einen Eintrag: `free` setzt die Aktivität von `collision` voraus. Um die unterschiedlichen Ziele durch geeignete Verhaltenssequenzen zu erreichen, wird die Votum-Matrix **V** folgendermaßen belegt:

- `drop_red_box_on_blue` votiert für `grasp_red_box` und `target_blue_box`, da das Greifen des roten Objektes und das Heranfahren an das blaue Objekt Voraussetzungen für das Ablegen sind.
- Entsprechend votiert `drop_red_box_on_green` für `grasp_red_box` und `target_green_box`.
- `grasp_red_box` votiert für `target_red_box`, da das Heranfahren an das rote Objekt Voraussetzung für das Greifen ist.

5.3.3 Einfache Motivation eines Ziels

In diesem Experiment soll zunächst die Motivation eines einzelnen Verhaltens verändert werden. Nach dem Start der Simulation sind zunächst alle Motivationen null, d. h.

$$C_i^{\text{goal}} = C_i^{\text{voting}} = 0 \;\; \forall \;\; i.$$

Es wird das Verhalten `stop` aktiv (da es durch $C_{\text{stop}}^{\text{default}} = 1$ unabhängig von Zielen ist und der Sensorkontext immer gleich eins ist) und der Roboter bewegt sich nicht.

Es wird nun $C_{\text{drop\_red\_box\_on\_blue}}^{\text{goal}} = 1$ gesetzt. Der Sensorkontext dieses Verhaltens ist nicht erfüllt. Die Motivation wird durch das Votum-Schema (Gl. (5.1)) vorwärtspropagiert auf das Verhalten `target_blue_box`, von diesem auf `grasp_red_box` und von `grasp_red_box` schließlich auf `target_red_box`. Für all diese Verhalten wird der externe Kontext gleich eins:

$$C_i^{\text{e}} = 1 \;\; \forall \;\; i \in \{\text{drop\_red\_box\_on\_blue}, \text{target\_blue\_box}, \text{grasp\_red\_box}, \text{target\_red\_box}\}$$

Es ist wichtig, zu erkennen, dass in dieser Teilmenge des Verhaltensrepertoires durch das Votum-Schema keine Ordnung gegeben ist. Die Abfolge der Aktivierung der Verhalten wird durch deren Sensorkontexte, die Bedingungsmatrix und die Kompetitionsdynamik bestimmt. Gleichzeitig ist aber eine Aktivierung aller anderen Verhalten, die nicht wie z. B. `collision` durch $C_{\text{collision}}^{\text{default}}$ ohnehin unabhängig von Motivationen sind, nicht möglich. Der externe Kontext dieser Verhalten bleibt null:

$$C_i^{\text{e}} = 0 \;\; \forall \;\; i \in \{\text{drop\_red\_box\_on\_green}, \text{target\_green\_box}\}$$

Der Ablauf des Experiments wird in den Abbildungen 5.2 und 5.3 wiedergegeben. Der Roboter beginnt zunächst mit der Suche nach einem Greifobjekt, da der Sensorkontext nach dem Start erfüllt ist (der Roboter trägt noch kein Objekt), $C_{target\_red\_box}^{\text{s}} = 1$. Nach der Aufnahme des ersten Objektes sucht der Roboter das blaue Zielobjekt, legt das Greifobjekt dort ab und beginnt den Vorgang von vorn. Das Verhalten `wander` wird für dieses Experiment nicht benötigt und bleibt entsprechend deaktiviert.

Interessant ist hier das Zusammenwirken der *motivierten* Verhalten (`grasp_red_box`, `target_blue_box`, etc.) mit den *reaktiven* Verhalten (`collision`, `free` etc.). Während der Roboter arbeitet, kommt es gelegentlich zu ungewollten Kollisionen mit den Zielobjekten, wenn in deren Nähe das Verhalten von der Anfahrt auf des Zielobjekt auf die Anfahrt auf ein Greifobjekt wechselt. Ohne das `free`-Verhalten käme es zu einer Verklemmung, da die zielgerichteten Navigationsverhalten nur vorwärts steuern. Der Roboter wäre blockiert, bis ein Bedienereingriff erfolgt. In diesem und allen folgenden Experimenten konnte sich der Roboter mittels seiner reaktiven Verhalten stets selbst befreien.

Eine neue Qualität demonstriert das um Motivationen und die Votum-Struktur erweiterte System allerdings erst, wenn ein anderes Ziel gewählt wird: Im zweiten Experiment wurde nur das Verhalten `drop_red_box_on_green` motiviert ($C_{drop\_red\_box\_on\_green}^{\text{goal}} = 1$).

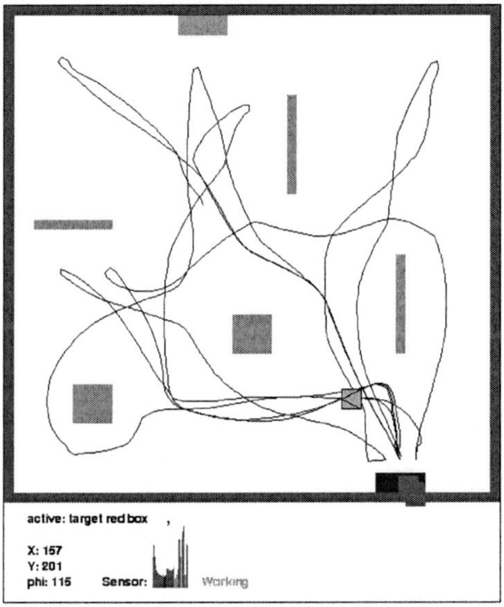

Abbildung 5.2: Die Simulation mit der eingezeichneten Trajektorie des Roboters am Ende des Experiments. Der Roboter hat alle Greifobjekte aufgenommen, sie einzeln zum blauen Zielobjekt gebracht und dort abgelegt.

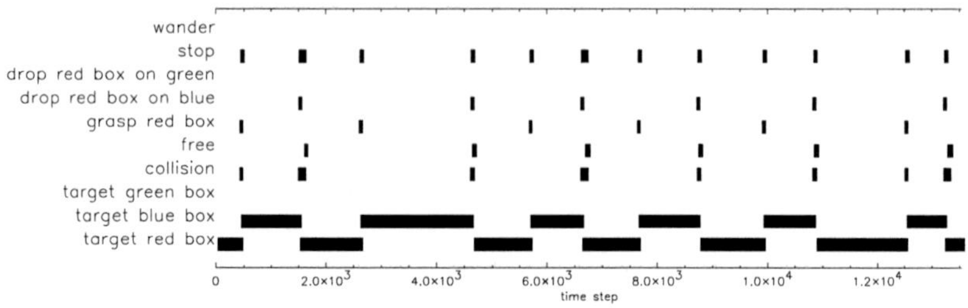

Abbildung 5.3: Die Grafik zeigt die Aktivität der einzelnen Verhalten über der Zeit. Die Teilsequenz aus Suche und Anfahrt eines Greifobjekts, Greifen des Objekts, Anfahrt des blauen Zielobjektes und Ablegen der roten Box wiederholt sich sechs mal. Bei $t = 6600$ und $t = 11400$ kommt es zu ungewollten Kollisionen mit dem blauen Objekt, aus denen sich der Roboter wieder befreien kann.

Die Abbildungen 5.4 und 5.5 zeigen die Ergebnisse. Unter Einsatz der gleichen untergeordneten Verhalten (`target_red_box`, `grasp_red_box`, `collision`, `stop`, `free`) wird ein anders Ziel angestrebt und realisiert. Da es für die Festlegung der Votum-Matrix **V** keine Einschränkungen gibt, kann ein Verhalten also unterschiedlichen Zielen dienen. Ebenso kann jedes Verhalten für beliebig viele andere Verhalten votieren. Im Experiment erhält z. B. `grasp_red_box` sowohl von `target_blue_box` als auch von `target_green_box` ein Votum.

5.3.4 Wechsel des Ziels

Eine Umschaltung der Motivationen und damit ein Wechsel des Ziels ist jederzeit möglich, unabhängig in welchem Zustand und an welcher Stelle einer Verhaltenssequenz sich das System zurzeit befindet. Der aktuelle Sensor- und Systemzustand wird instantan bei der Auswahl des nächsten aktiven Verhaltens berücksichtigt. Wird z. B. zwischen den Zielen `drop_red_box_on_blue` und `drop_red_box_on_green` hin- und hergeschaltet, kann der Zustand, dass der Roboter bereits ein Greifobjekt trägt, sofort verwendet werden: Der Roboter beginnt sofort mit der Anfahrt auf das neue Zielobjekt, ohne zuvor die normale Sequenz aus Suche des Greifobjektes und Greifen zu durchlaufen.

5.3.5 Mehrere Ziele

Oft ist es sinnvoll und notwendig, dass das System unterschiedliche Ziele gleichzeitig verfolgt. Dies ist insbesondere unter dem Gesichtspunkt interessant, dass das Schema zur Verhaltensorganisation Abläufe parallelisieren kann. Auch im Fall, dass die Berechnung

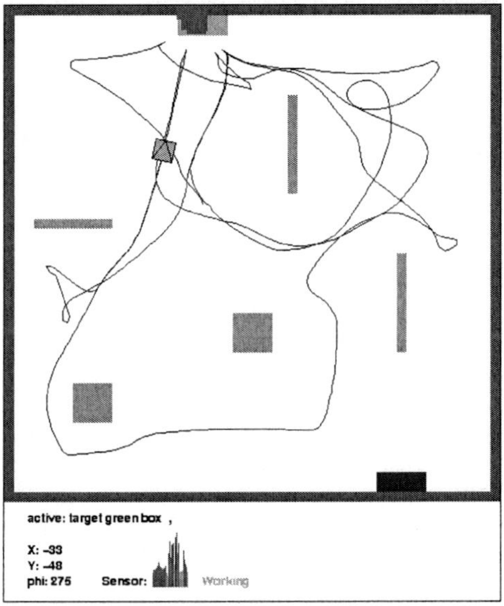

Abbildung 5.4: Bei diesem Lauf wurde die Motivation des Systems geändert: Das Zielverhalten heißt nun `drop_red_box_on_green`. Entsprechend bringt der Roboter die aufgenommenen Greifobjekte zum grünen Zielobjekt und legt sie dort ab.

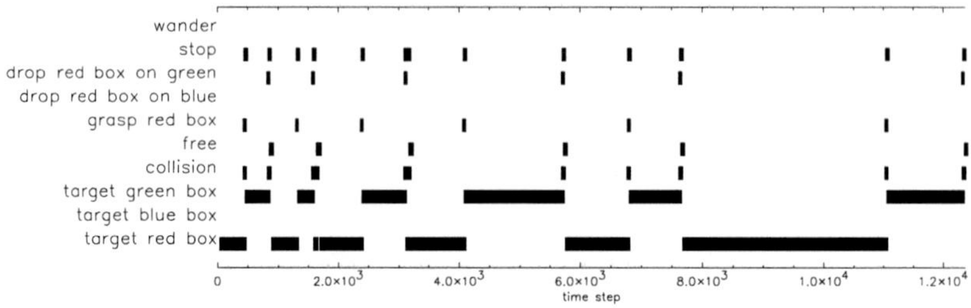

Abbildung 5.5: Die Verhaltenssequenz des zweiten Experiments: Der Ablauf hat viel Ähnlichkeit mit dem des ersten. Nachdem die Greifobjekte aufgenommen wurden, werden aber die Verhalten `target_green_box` und `drop_red_box_on_green` aktiviert und damit das veränderte Verhaltenziel realisiert.

der Motivationen nicht, wie in den Experimenten, durch den Benutzer vorgenommen wird, sondern der Roboter seine Ziele aus Sensorinformationen und internen Zuständen (z. B. der Batterieladung) selbst bestimmt, sind mehrere gleichzeitig anzustrebende Ziele normal. In diesem Fall muss unter den Zielen keine Auswahl getroffen werden, sondern alle Ziele werden parallel angelegt und die Verhaltensarchitektur organisiert die Realisierung unter den gegebenen Randbedingungen von paarweisem Ausschluss, Prioritäten, Vorbedingungen und Sensorkontexten.

Im Folgenden soll der Fall betrachtet werden, dass für zwei gleichzeitig aktive Ziele keine Priorisierung gegeben ist. Zwar gibt es für einige abhängige Verhalten solche Randbedingungen, zwischen den zwei Zielverhalten muss allerdings in bestimmten Situationen nicht-deterministisch entschieden werden. Eine einmal gefällte Entscheidung muss dann durch Hysterese stabilisiert werden, so dass Oszillationen ausgeschlossen werden.

Dem Roboter werden im gegebenen Beispiel die Ziele `drop_red_box_on_green` und `drop_red_box_on_blue` simultan gegeben. Beide Verhalten votieren über die entsprechenden Zielfahrtverhalten jeweils auch für `grasp_red_box` und `target_red_box`. Sobald ein Greifobjekt aufgenommen wurde, muss der Roboter entscheiden, ob er es zu einem blauen oder grünen Zielobjekt bringt. Die Matrix γ ist bezüglich der beiden Verhalten `target_blue_box` und `target_green_box` symmetrisch besetzt. Die Entscheidung für eines der beiden Verhalten fällt hier auf der Ebene des kompetitiven Schemas. Das Rauschsignal, das der n-Dynamik in Gleichung (4.2) hinzugefügt wird, bestimmt die Auswahl, ob nun das blaue oder das grüne Zielobjekt angefahren wird. Ein Experiment, in dem sowohl `drop_red_box_on_blue` als auch `drop_red_box_on_green` als Ziel ausgewählt wurden, ist in den Abbildungen 5.6 und 5.7 dargestellt. Das kompetitive Schema (Gleichung (4.2)) verhindert eine Oszillation die-

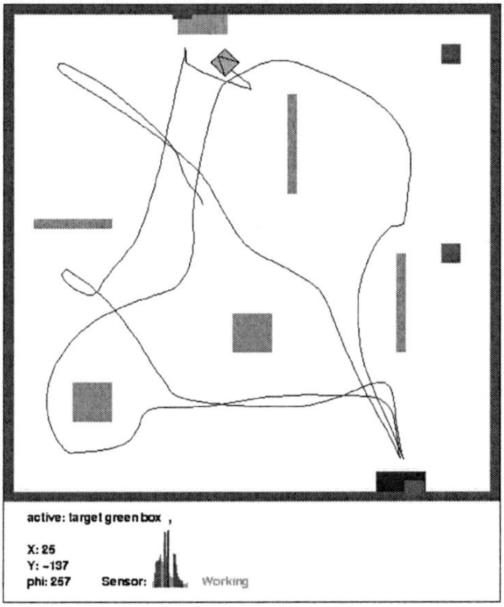

Abbildung 5.6: In diesem Experiment wurden drop_red_box_on_green und drop_red_box_on_blue gleichzeitig als Ziele ausgewählt. Der Roboter fährt die beiden Zielobjekte in zufälligem Wechsel an und legt auf beide Greifobjekte ab.

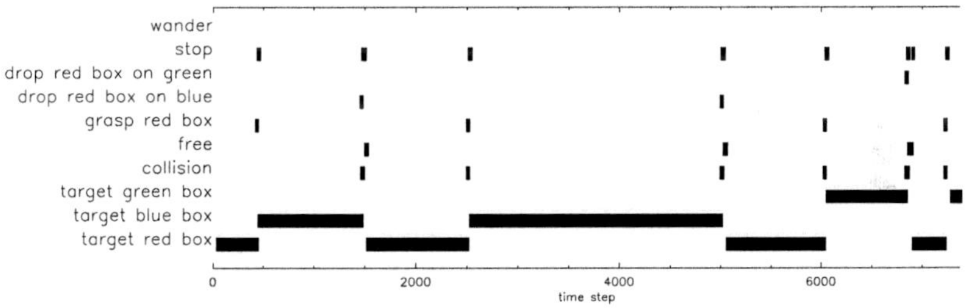

Abbildung 5.7: Die Verhaltenssequenz des Experiments mit zwei Zielen: Da es keine Priorität für entweder target_green_box oder target_blue_box gibt, entscheidet der Zufall, d. h. der Rauschterm in Gleichung (4.2), welches Verhalten ausgewählt wird.

ser Auswahl: Nach der Aktivierung des einen Verhaltens wird das andere durch die Kompetition aktiv unterdrückt. Im Verlauf des Experiments verteilt der Roboter die Greifobjekte auf beide Zielobjekte und erfüllt somit beide gestellten Aufgaben in optimaler Weise.

5.3.6 Diskussion

Die Leistungsfähigkeit des Planungsschema ergibt sich aus seiner Einfachheit und der engen Kopplung an die Verhaltensorganisation. Im Vordergrund steht nicht, wie bei den bekannten symbolischen Planern, die Fähigkeit komplexe Sachverhalte repräsentieren und mit ihnen in einer Suche über viele Planungsschritte eine Sequenz von Aktionen zu entwickeln. Stattdessen setzt es auf der Repräsentation der Umwelt durch die Sensorkontexte auf, die durch die implementierten Verhalten gegeben sind. Zugleich ist mit den Verhalten auch die Menge der möglichen Ziele des Systems gegeben. Diese Einschränkungen wären zwar für einen symbolischen Planer wie z. B. ein Expertensystem inakzeptabel, ermöglichen aber für die verhaltensbasierte Architektur eine Erweiterung vom rein reaktiven zu einem planvoll agierenden System. Das Konzept der kontinuierlichen Werte für die Erfüllung der Sensorkontexte oder die Stärke der Ziele wird durch die mathematische Formulierung ins Planungsschema übernommen. Sie ermöglicht darüberhinaus den Aufbau eines schnell und robust lernenden System, wie im folgenden Kapitel gezeigt wird.

Die Experimente belegen die Eignung des Planers für einfache Aufgaben eines verhaltensbasierten Roboters. Das System entwickelt aus der Kenntnis der Effekte der Verhalten zielgerichtete Sequenzen. Der flexible Wechsel des Ziels zu beliebigen Zeitpunkten sowie das korrekte Verhalten bei gleichzeitiger Aktivierung mehrerer Ziele wird gezeigt. Dadurch, dass das Planungsschema auf der grundlegenden Organisation (siehe Abschnitt 4.2) aufsetzt und Kompetitionen, Vorbedingungen und aktuell wahrgenommene Sensorkontexte immer eine höhere Priorität haben als die Planungskontexte, wird die Generierung von unerlaubten oder der Situation nicht angemessenen Verhaltensmustern ausgeschlossen.

6 Lernen in autonomen Agenten

> The structure in which learning takes place is as critical as the way in which learning actually occurs.
>
> Blumberg, Todd und Maes 1996

6.1 Problemstellung

Die Parametrisierung des Systems zur Verhaltensorganisation, wie sie bis hierher beschrieben wurde, ist für Anwendungen mit mehr als circa zehn Verhalten eine umfangreiche und anspruchsvolle Aufgabe. Während die Belegung der Matrizen der Kompetitionen und logischen Vorbedingungen (**A** und γ) durch die paarweisen Wechselwirkungen noch gut zu bewerkstelligen ist, ist die Parametrisierung des Planungsschemas erheblich komplizierter. Hier müssen die Korrektheit der gesamten zu leistenden Sequenz berücksichtigt und alternative Wege zum Ziel „programmiert" werden. Die Gefahr, dass es hier zu Fehlern kommt, ist groß. Dabei wurde hier angenommen, dass die Effekte der Verhalten dem Programmierer a priori exakt bekannt sind, was für Implementationen auf dem Roboter sicher nicht immer gegeben ist.

Auch im Fall, dass das System zur Zeit der Erstellung optimal parametrisiert wurde, kann es später zu einer Verringerung der Performanz kommen: Durch Veränderungen der Umwelt oder eventuelle kleine Defekte an Sensoren und Effektoren des Roboters können Änderungen am Kontrollschema notwendig werden.

Beide Problemklassen können durch Selbstadaptation des Kontrollsystems gelöst werden. Eine Lernkomponente in der Verhaltensorganisation muss dazu durch Systembeobachtung über längere Zeiträume die kritische Struktur korrigieren.

6.2 Bestehende Ansätze

Lernen in autonomen Robotern bezieht sich generell auf drei unterschiedliche Aspekte (Mahadevan 1996): Das *Lernen von Sensor-Effektor-Modellen* ermöglicht die Bestimmung von Sensor-Charakteristika, z. B. von Sonar-Sensoren zur Berechnung von Evidence-Gittern (Martin und Moravec 1996), oder Aktuator-Modellen, z. B. zur Berechnung der Inversen

Kinematik von Roboter-Armen (Becker et al. 1999). Das *Lernen von Umwelt-Modellen* bezieht sich in der Regel auf das Erstellen von Karten durch aktive Exploration. Der dritte Aspekt ist der des *Lernens von Kontrollschemata*. Hier wird die situationsabhängige Auswahl von Aktionen oder Verhalten und die Generierung zielgerichteter Sequenzen gelernt.

Hier sollen nun einige Ansätze zum Lernen in diesem dritten Aspekt, zum Lernen der Aktions-Auswahl-Verfahren, vorgestellt werden. Es wird im Allgemeinen davon ausgegangen, dass a priori kein Modell zur Verfügung steht, das die Effekte der Aktionen des Systems beschreibt und dass zum anderen Lernen unüberwacht geschieht, d. h. dass kein externes Lehrersignal zur Verfügung steht.

Maes (1994) unterteilt die Ansätze zu lernfähigen Kontrollschemata autonomer Agenten in drei Gruppen - *Reinforcement Learning*, *Classifier Systems* und *Model Builders* - die im Folgenden vorgestellt werden sollen.

Lernverfahren in symbolischen Planern (Veloso, Carbonell, Rérez, Borrajo, Fink und Blythe 1995) sollen hier nicht näher betrachtet werden, da dort nicht Erfahrungswissen über die Problemdomäne erworben wird, sondern der Planer unabhängig vom gestellten Problem optimiert wird. Ebenso soll zum Lernen durch Evolutionäre Strategien hier nur auf Floreano und Mondada (1996) verwiesen werden.

6.2.1 Reinforcement Learning

Reinforcement Learning (Pack Kaelbling und Littman 1996), im deutschen Sprachgebrauch auch *Verstärkungslernen* genannt, wird in der Anwendung auf autonome Agenten auch als *Dynamic Programming* (Barto et al. 1995) bezeichnet. Ziel der Verfahren ist die Übersetzung von Erfahrungswissen in einen Entscheidungsprozess, der situationsabhängig Aktionen eines autonomen Agenten auswählt. Dabei wird stets von einem Markow'schen Entscheidungsproblem ausgegangen. Dieses ist als stochastisches dynamisches System mit diskreten Zuständen und diskretisierter Zeit definiert. Aktionen überführen das System probabilistisch in einen Nachfolgezustand. Es wird eine Menge von Zuständen S und eine Menge von Aktionen A des Systems definiert. Befindet sich das System zu einem Zeitpunkt t im Zustand $s \in S$ und wird darin die Aktion $a \in A$ ausgeführt, dann wechselt das System im nächsten Zeitschritt in den Zustand s' mit der Wahrscheinlichkeit $T(s,a,s')$. Nach jeder Aktion erhält das System eine Belohnung r_t, gegeben durch die Belohnungsfunktion $R(s,a)$, abhängig vom letzten Zustand und der gewählten Aktion. Es gilt nun, einen Entscheidungsprozess μ mit $\mu(s) \in A \;\; \forall \;\; s \in S$ zu finden, der eine Auswertefunktion $V(s)$ mit dem Startzustand s optimiert. Die Auswertefunktion $V(s)$ bewertet den Zustand s und ist oft der Erwartungswert der *diskontierten Belohnungssumme bei unendlichem Planungshorizont*:

$$V(s) = E\left[\sum_{t=0}^{\infty} \nu^t r_t\right] \tag{6.1}$$

Dabei wird durch $0 \leq \nu < 1$ die Belohnung zukünftiger Aktionen diskontiert, so dass die Summe in Gleichung (6.1) endlich bleibt. Oft kann in vielen Zuständen nur eine Belohnung von $r = 0$ zugewiesen werden, während das System im Zielzustand eine maximale Belohnung erhält. Die Diskontierung kann in diesen Fällen für die Auswahl des kürzesten Pfades zum Zielzustand führen. Das kann auch dadurch erreicht werden, dass nach allen Aktionen, die nicht zum Zielzustand führten, eine negative Belohnung $R(s,a) < 0$ gegeben wird.

Für einen optimalen Entscheidungsprozess gilt also

$$V^\star(s) = \max_\mu E\left[\sum_{t=0}^{\infty} \nu^t r_t\right] \quad . \tag{6.2}$$

Die optimale Auswertefunktion ist eindeutig und durch die simultane Gleichung

$$V^\star(s) = \max_a \left(R(s,a) + \nu \sum_{s' \in S} T(s,a,s') V^\star(s') \right) \quad , \quad \forall s \in S \tag{6.3}$$

gegeben. Der optimale Entscheidungsprozess ist dann entsprechend

$$\mu^\star(s) = \mathrm{argmax}_a \left(R(s,a) + \nu \sum_{s' \in S} T(s,a,s') V^\star(s') \right) \tag{6.4}$$

und weist jedem Zustand $s \in S$ gemäß der gewählten Bewertungsfunktion eine optimale Aktion $a \in A$ zu. Für bekannte Funktionen $T(s,a,a')$ und $R(s,a)$ kann $V^\star(s)$ durch iterative Berechnung der so genannten Q-Funktion über alle Zustände und Aktionen berechnet werden mit

$$Q(s,a) := R(s,a) + \nu \sum_{s' \in S} T(s,a,s') V(s') \tag{6.5}$$

und

$$V(s) := \max_a Q(s,a) \quad . \tag{6.6}$$

$V(s)$ konvergiert dann gegen die optimalen Bewertungsfunktion $V^\star(s)$ mit der Wahrscheinlichkeit 1.

Normalerweise sind die Übergangsfunktion $T(s,a,s')$ und die Belohnungsfunktion $R(s,a)$ allerdings a priori nicht bekannt. Man unterscheidet in den lernfähigen Verfahren dann Modell-basierte und Modell-freie Verfahren, je nachdem, ob explizit $T(s,a,s')$ und $R(s,a)$ gelernt werden, oder direkt z. B. die Q- oder die V-Funktion adaptiert wird.

Ein Ansatz für Modell-freies Lernen ist z. B. $TD(\lambda)$ (oder *Adaptive Heuristic Critic*) (Sutton 1988, Pack Kaelbling und Littman 1996). Er ergibt sich aus dem $TD(0)$-Verfahren, das für jeden besuchten Zustand s die Zuweisung

$$V(s) := V(s) + \alpha(r + \nu V(s') - V(s)) \tag{6.7}$$

ausführt. Dabei ist α eine klein zu wählende Lernrate. Die Aktualisierungsregel (6.7) wirkt nur exakt einen Schritt zurück, nämlich vom neuen Zustand s' auf den Vorgänger s. Das

$TD(\lambda)$-Verfahren führt hingegen eine Aktualisierung aller bisher besuchten Zustände aus: Für alle Zustände $u \in S$ wird die Zuweisung

$$V(u) := V(u) + \alpha(r + \nu V(s') - V(s))e(u) \tag{6.8}$$

mit

$$e(s) = \sum_{k=1}^{t} (\lambda\nu)^{t-k}\delta_{s,s_k}, \qquad \delta_{s,s_k} = \begin{cases} 1 & \text{falls } s = s_k \\ 0 & \text{sonst} \end{cases} \tag{6.9}$$

ausgeführt. Der Gewichtungsfaktor $e(u)$ hängt davon ab, wie oft und wann der Zustand u seit dem Systemstart (t=0) besucht worden ist. Lang zurückliegende Systemzustände werden durch den Faktor λ entsprechend schwächer beeinflusst.

Ein sehr häufig verwendetes Verfahren ist auch das *Q-Learning* (Watkins und Dayan 1992). Dort wird nach einer ausgeführten Aktion a, dem Zustandswechsel von s nach s' und der Belohnung r folgende Aktualisierungszuweisung ausgeführt:

$$Q(s,a) := Q(s,a) + \alpha(r + \nu \max_{a'} Q(s',a') - Q(s,a)) \tag{6.10}$$

Der Lernbeitrag hängt also von der besten Aktionswahl des nachfolgenden Schrittes ab, entsprechend der Definition von $V(s)$ in Gleichung (6.6). $Q(s,a)$ konvergiert damit sehr zuverlässig gegen die optimale Q-Funktion $Q^\star(s,a)$ mit $V^\star(s) = \text{argmax}_a Q^\star(s,a)$.

Q-Learning ist ein häufig verwendetes Verfahren in der Robotik, weil es robust und einfach zu implementieren ist. Ein großer Nachteil ist jedoch, dass der Trainingsaufwand extrem hoch ist, da die Q-Funktion nur sehr langsam konvergiert. $TD(\lambda)$ bietet in dieser Hinsicht Vorteile, benötigt für das häufigere „Backup“ jedoch erheblich mehr Rechenleistung. Für beide Verfahren gelten die bereits in Abschnitt 5.1 genannten erheblichen Einschränkungen, die die Formulierung durch Markow-Modelle mit sich bringt.

6.2.2 Classifier Systems

> Classifier systems are a quagmire - a glorious, wondrous and inviting quagmire, but a quagmire nonetheless.
>
> David E. Goldberg in Goldberg et al. (1992)

Holland und Reitman (1978) entwickelten ein Aktionsauswahlschema, das auf Anwendung eines Satzes von Regeln und assoziierten Aktionen basiert. Zentrale Komponente ist dabei eine Nachrichtenliste, die von einer Sensor-Schnittstelle mit Bit-Ketten konstanter Länge gefüllt wird. Eine Menge von Regeln wird daraufhin geprüft, ob ihre Bedingungen durch jeweils mindestens eine Nachricht in der Nachrichtenliste erfüllt werden. Die Bedingungen können dabei neben den Zeichen „1“ und „0“ auch das Zeichen „#“ enthalten, das sogenannte *don't care*-Symbol. Es zeigt an, das eine Nachricht, die die Regel erfüllt, an der entsprechenden Stelle mit „1“ oder „0“ besetzt sein darf. Die Aktionen werden ebenfalls

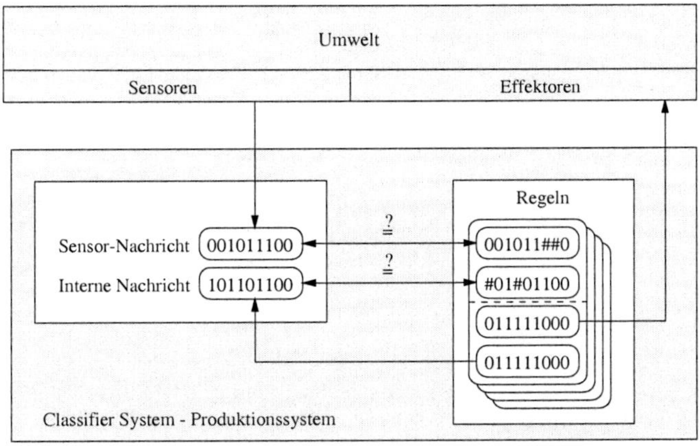

Abbildung 6.1: Produktionssystems eines Classifier Systems: Jede Regel besteht aus einem Bedingungs- und einem Aktionsteil. Der Bedingungsteil besteht aus den Mustern, die mit der aktuellen internen Nachricht und der Sensor-Nachricht verglichen werden. Der Aktionsteil umfasst eine interne Nachricht, die bei Anwendung der Regel zur aktuellen internen Nachricht wird und aus einer Aktionsnachricht, die an die Effektoren geschickt wird. Aus der Menge der Regeln, die auf die aktuelle Sensor- und interne Nachricht passen, wird stochastisch durch Gewichtung mit der Stärke der Regel eine anzuwendende ausgewählt und diese ausgeführt.

durch Bit-Ketten kodiert und besitzen die gleiche Länge wie die Sensor-Nachrichten. Eine Ausgabe-Schnittstelle bildet den Inhalt der Nachrichtenliste auf die Effektoren des Systems ab. Erweiterte Ansätze (z. B. Smith 1991) implementieren zusätzlich eine Liste interner Nachrichten, die von den zuletzt aktiven Regeln erzeugt werden (Abb. 6.1). Die aktuellen Nachrichten werden in jedem Zyklus mit allen Regeln der Regelbasis verglichen. Unter allen Regeln, deren Bedingungen erfüllt werden, wird stochastisch eine zur Anwendung ausgewählt. Diese sendet ihre Aktionsnachricht an die Effektoren und ersetzt die interne Nachricht durch eine neue, d. h. sie überschreibt den internen Zustand des Produktionssystems.

Lernen in Classifier Systems wird durch zwei Ansätze realisiert. Ein einfaches Verstärkungslernen wird dadurch eingeführt, dass jeder Regel eine Stärke zugewiesen wird, mit der es gegen andere ausführbare Regeln in Kompetition tritt. Ausführbare Regeln kommen dann mit der Wahrscheinlichkeit proportional zu ihrer Stärke zur Ausführung. Nach jedem Zyklus erhält das System eine Belohnung. Diese Belohnung erhöht die Stärke aller Regeln, die in diesem Schritt zur Ausführung gekommen sind. Ebenso geben alle ausgeführten Re-

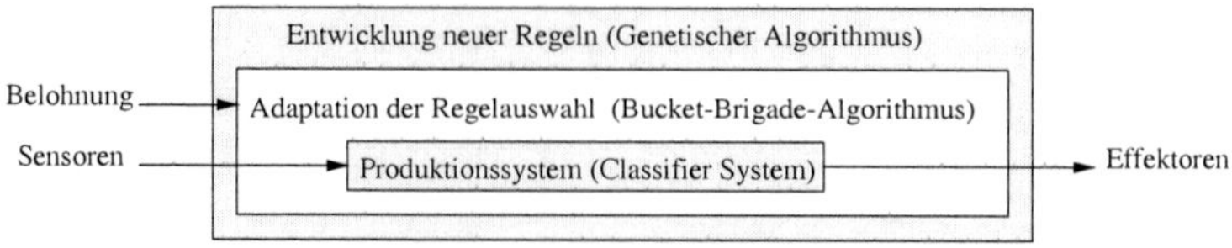

Abbildung 6.2: Classifier Systems als zweistufiges lernendes System: Der Bucket-Brigade-Algorithmus adaptiert die Regelauswahl gemäß der von der Umwelt zurückgegebenen Belohnung. Ein genetischer Algorithmus optimiert die Regelbasis.

geln einen Teil ihrer Stärke an die Regeln weiter, die sie ausführbar machten, d. h., die die von ihnen benötigten Fakten in die Nachrichtenliste einfügten. Auf diese Weise werden die Regeln verstärkt, die direkt oder mittelbar eine Belohnung erzeugen. Dieses Lernschema wird als *Bucket-Brigade*-Algorithmus bezeichnet.

Unter bestimmten Einschränkungen, unter anderem dem Verzicht auf die Benutzung des *Dont't care*-Symbols, ist diese Form des Lernens in Classifier Systems direkt auf das in Abschnitt 6.2.1 vorgestellte Q-Learning abbildbar. Diese Verwandtschaft von Classifier Systems und Q-Learning wird von Dorigo und Bersini (1994) ausführlich dargestellt.

Ein zweiter Lernansatz ist hier das Lernen durch *genetische Algorithmen* (GAs). Dabei wird entweder jede Regel als Individuum eines GA aufgefasst und in jedem Zyklus dem Mechanismen von Mutation und Selektion unterworfen, bis ein ausreichend guter Satz von Regeln gefunden wurde (individueller Ansatz), oder ein Produktionssystem stellt ein einzelnes Individuum dar (kollektiver Ansatz).

Oft werden beide Lernansätze, die Adaptation der Regelauswahl und ein GA, zusammen eingesetzt, sodass sich ein zweistufiges hierarchisches Lernschema ergibt (Abb. 6.2).

Die Beschreibung des Systemzustands bzw. der Sensoreingabe durch Bitketten ist für die Anwendung in der Robotik besser geeignet als die einfache Definition einer Menge von Zuständen, wie sie bei allen auf Markow-Prozessen basierenden Verfahren gemacht wird. Es ist bei Classifier Systems auch möglich, in einem Verarbeitungs-Zyklus mehrere Aktionen (quasi-) parallel auszuführen. Nachteilig ist allerdings auch hier, dass die Lernverfahren des Bucket-Brigade-Algorithmus und des genetischen Algorithmus sehr langsam lernen.

Dorigo (1995) beschreibt Experimente, die sowohl in Simulationen als auch mit einem physischen Roboter durchgeführt wurden. Er erweitert den klassischen Ansatz der Classifier Systems indem er die Problemdomäne zerteilt und durch mehrere kooperierende Module bearbeiten lässt und eine Parallelverarbeitung für diese Sub-Prozesse realisiert. Für ein sehr einfaches Roboterfahrzeug wird das Erlernen von Phototaxis und Homing[1] demonstriert. Das Fahrzeug ist mit sechs Photo-Dioden und einem Mikrofon als Sensoren ausgestattet und wird durch zwei unabhängig steuerbare Motoren und zwei Antriebsräder bewegt.

[1] Die Navigation zu einem „Heimat"-Ort.

6.2.3 Model Builders

Blumberg (1994) entwickelte ein auf Erkenntnissen der Ethologie basierendes Modell zur Aktionsauswahl in autonomen Agenten. Der entwickelte Mechanismus lehnt sich dabei stark an das von Tinbergen (1952) entwickelte biologische Modell von Auslösemechanismen, Motivationen sowie konsummatorischen und Appetenz- Verhalten an. Als Testumgebung für seine Verhaltensarchitektur dient eine Virtual-Reality-Umgebung, in der virtuelle Wesen (z. B. ein Hund und ein Hamster) mit anderen Wesen interagieren können. Die anderen Wesen sind selbst autonom oder werden von einem Bediener gesteuert. Alle Geschöpfe verfügen über Sensoren, Propriozeption und ein „virtuelles Sehsystem".

Blumberg, Todd und Maes ergänzten 1996 Blumbergs Schema um ein Verfahren zum Lernen. Es sollen die für Tiere typischen Lernvorgänge demonstriert werden:

- Zu den bestehenden konsummatorischen Verhalten sollen neue Auslösemechanismen erlernt werden, d. h. es werden neue Kontexte mit einem konsummatorischen Verhalten assoziiert, in denen dieses Verhalten erfolgreich angewendet werden kann.

- Es werden Assoziationen zwischen Kontexten erlernt, mit denen eine Prädiktion oder robustere Klassifikation der Situation möglich ist.

- Appetenzen sollen erlernt werden können, d. h. das System erkennt selbstständig, wenn ein Verhalten die reizauslösende Situation für ein konsummatorisches Verhalten erzeugt und speichert dieses Verhalten als zugehöriges Appetenzverhalten.

Die ersten beiden Phänomene werden in der Ethologie als *klassisches Konditionieren* bezeichnet. Der dritte Punkt beschreibt das sogenannte *operante Konditionieren*.

Das für alle drei Lernprobleme verwendete Lernverfahren basiert auf dem von Sutton und Barto (1990) entwickelten TD-Verfahren. Im Gegensatz zu den in Absatz 6.2.1 beschriebenen Verfahren wird hier lokal in Bezug auf jedes konsummatorische Verhalten bzw. jede Motivation gelernt. Diese Instanzen werden mit Gruppen von Verhalten assoziiert, die Kandidaten für zugehörige Appetenzverhalten sind. Innerhalb der Gruppen kompetieren die Elemente um die stärkste Assoziation mit dem zu realisierenden Verhalten. Wechselseitige Hemmung unter den Kandidaten führt zu einer persistenten *Winner-Take-All*-Entscheidung. Entsprechendes gilt für das Lernen von Assoziationen zwischen Auslösemechanismen. Hier sind andere Auslösemechanismen Kandidaten für die Assoziation. Diese werden in sogenannten *Discovery Groups* zusammengefasst.

Das benötigte Lernsignal wird durch die jeweilige Motivation oder den Kontext eines konsummatorischen Verhaltens zur Verfügung gestellt. Die Assoziation zu einem Appetenzverhalten wird genau dann erhöht, wenn der Auslösereiz eines Verhaltens erhöht wurde und ein potentielles Appetenzverhalten unmittelbar zuvor aktiv war.

Die allgemeine Gleichung zum Lernen von Assoziationen X_i zwischen einem Lernsignal

λ_t und der Stärke von Auslösemechanismen S_i ist

$$\triangle X_{i,t} = \beta \left(\left[\lambda_t + \nu \left[\sum_j X_{j,t-1} S_{j,t} \right] - \left[\sum_j X_{j,t-1} S_{j,t-1} \right] \right] \alpha \overline{S}_{i,t} \right), \qquad (6.11)$$

mit
$X_{i,t}$ = Assoziation mit Auslösereiz i zum Zeitpunkt t,
λ_t = Verstärkungssignal zum Zeitpunkt t,
$S_{i,t} = 1$, falls der Auslösereiz vorhanden und ausreichend stark ist, sonst 0,
$\overline{S}_{i,t}$ = *Trace*, Kurzzeitgedächtnis zu $S_{i,t}$,
β = die Lernrate,
ν = die zeitliche Diskontierung, vergleiche Gl. (6.1)
α = die *Trace*-Rate,
δ = *Trace*-Zerfalls-Rate.
Das Gedächtnis zu $S_{i,t}$ ist definiert als

$$\overline{S}_{i,t} = \overline{S}_{i,t-1} + \delta(S_{i,t-1} - \overline{S}_{i,t-1}). \qquad (6.12)$$

Gleichung (6.12) hat hier die gleiche Funktion wie Gleichung (6.9) in Suttons $TD(\lambda)$-Schema. Sie bewertet den zeitlichen Abstand zur letzten Aktivierung des Auslösemechanismus S_i und stellt somit ein Kurzzeitgedächtnis dar.

Die Lerngleichung (6.11) hat ebenfalls Ähnlichkeit mit der $TD(\lambda)$-Gleichung (6.8). In beiden Fällen ist die Veränderung der Variablen V geringer, wenn die Aktivität des betreffenden Zustands bzw. Kontextes länger zurück liegt. Anstelle der Bewertung des aktuellen und erwarteten V-Wertes werden hier aber Summen über alle Elemente der Appetenz- bzw. Discovery-Gruppen eingesetzt. Das erzeugt eine Kompetition innerhalb der Gruppen, so dass genau ein Element als stärkste Assoziation gelernt wird.

Das Lernschema (Gl. (6.11)) wird jeweils für alle Motivationen, konsummatorische Verhalten und Auslösemechanismen angesetzt. Damit wird dem Lernen vieler unterschiedlicher Ziele Rechnung getragen, das durch die klassischen *Reinforcement-Learning*-Verfahren (Kap. 6.2.1) nicht realisiert werden kann.

Beim Lernen von Appetenzverhalten wird hier durch die Beobachtung von eigener Aktivität und Verhaltenskontexten auf ein kausales Modell geschlossen. Der Suchraum des Lernverfahrens wird durch die Bildung von Appetenz- bzw. Discovery-Gruppen signifikant verkleinert. Zur Aufnahme in eine Gruppe muss ein Auslösemechanismus mindestens einmal aktiv gewesen sein, bevor die zu der Gruppe gehörende Motivation eine starke Veränderung zeigte. Hier muss also ein Schwellwert überschritten werden, bevor überhaupt eine Assoziation gebildet werden kann.

Es wird kein Weg beschrieben, Elemente wieder aus Appetenz- oder Discovery-Gruppen zu entfernen. Daher muss davon ausgegangen werden, dass in langen Lernphasen sehr viele Elemente in die Gruppen aufgenommen werden, zu denen fälschlicherweise eine Assoziation erzeugt wurde.

Obwohl die beschriebene Architektur nur für eine virtuelle Szenerie implementiert und getestet wurde, erscheint schnelles Lernen aus wenigen Beispielen damit realisierbar. Leider werden in den genannten Publikationen weder detaillierte Beschreibungen der Algorithmen noch der Experimente gegeben.

Diese Arbeit stellt einen Ansatz dar, der, verglichen mit den zuvor besprochenen Lernschemata, für schnelles Lernen in realen Robotersystemen erfolgversprechender erscheint. Er unterstellt keinen Markow-Prozess zur Beschreibung des beobachteten Systems und beschreibt durch das Lernen von Assoziationen operantes Lernen aus wenigen Beispielen. Die Verwendung von Auslösereizen und -mechanismen ist, wie in dieser Arbeit, von biologischen Prinzipien abgeleitet und bildet daher eine ähnliche Schnittstelle zwischen Lernschema, Umweltinformation und Verhaltensaktivierung. Blumbergs Lernansatz verwendet allerdings auch für operantes Konditionieren ein Verstärkungssignal, das weder im biologischen System noch in der Robotikanwendung plausibel erscheint.

Das für die hier erstellte Verhaltensorganisation zu entwerfende Lernschema wird sich daher an Blumbergs Prinzip halten, Assoziationen zwischen Sensorkontexten (bzw. Auslösereizen) Verhaltensaktivierungen (bzw. Auslösemechanismen) als Kausalitätsrelation zu lernen, jedoch auf ein Verstärkungssignal verzichten und einen engen Bezug zum bereits entwickelten Planungsschema haben. Im folgenden Abschnitt wird ein solches System erstellt.

6.3 Lernen in der dynamischen Verhaltensorganisation

6.3.1 Ansatz

Die in dieser Arbeit entwickelte Verhaltensorganisation beinhaltet eine feste Zuordnung von Verhalten und Sensorkontexten, in denen das Verhalten gezeigt werden kann. Dies ist notwendig, um den Service-Roboter vor Schäden zu bewahren, die durch die Aktivierung von Verhalten in ungeeigneten Situationen leicht entstehen können. Infolgedessen wird hier auch nicht beabsichtigt, die Lernaufgabe analog zu den auf Markow-Modellen basierenden Verfahren als Abbildung von Situationen und Aktionen auf nachfolgende Situationen $S \times A \rightarrow S$ zu stellen.

Es wird davon ausgegangen, dass ein Verhalten, dessen Sensorkontext erfüllt ist, durch seine Aktivität bestimmte Veränderungen hervorruft, die ggf. durch die Aktivität der Sensorkontexte anderer Verhalten wahrgenommen werden können. Ein Beispiel sind die Verhalten `grasp_red_box` und `target_blue_box` des Experiments aus Kapitel 5.2. Das Greifen der roten Box entfernt diese aus der Szene und sie befindet sich anschließend auf dem Roboter. Dieser Zustand wird vom System durch den Sensorkontext des Verhaltens `target_blue_box` wahrgenommen. Der zu erlernende kausale Zusammenhang zwischen der Aktivität des Verhaltens `grasp_red_box` und dem Sensorkontext von `tar-`

`get_blue_box` wird durch die Votum-Matrix **V** repräsentiert (siehe Kapitel 5.2). Die iterative Auswertung dieser Matrix ermöglicht die vorausschauende Aktivierung von Verhalten über mehrere Schritte. Ein Lernschema wird also Erfahrungswissen auf diese Struktur abbilden.

Der Ansatz, statt einer Abbildung $S \times A \rightarrow S$ nur eine kontextunabhängige Abbildung $A \rightarrow S$ zu lernen, wurde auch von Blumberg, Todd und Maes (1996) für operantes Lernen gewählt. Obwohl damit jeder situationsabhängige Effekt von Verhalten ignoriert wird, kann erst durch diese signifikante Verkleinerung des Suchraumes Lernen in komplexen Umwelten mit realistischem Aufwand ermöglicht werden.

Im Folgenden soll nun ein Schema erstellt werden, mit dem der Roboter, ausgehend von einem leeren Planungsschema ($V_{i,j} = 0 \; \forall \; i, j$), durch Exploration seiner Verhalten deren Effekte lernt und anschließend planvoll unterschiedliche Aufgaben erledigen kann (siehe auch Steinhage und Bergener 2000). Der grundlegende Ansatz ähnelt der Hebb'schen Lernregel in neuronalen Netzen (siehe z. B. Zell 1994, S. 84), nach der die Stärke der Verbindung zwischen zwei Zellen bei gleichzeitiger Erregung verstärkt und sonst verringert wird.

Die Evidenz für einen kausalen Zusammenhang zwischen einem Sensorkontext und der Aktivität eines anderen Verhaltens soll genau dann erhöht werden, wenn der Sensorkontext von null auf eins wechselt und das andere Verhalten unmittelbar zuvor aktiv war. Besteht keine Erinnerung an die Aktivität des anderen Verhaltens, wird die Evidenz für den Zusammenhang verringert. Je länger die Aktivität des Verhaltens zurückliegt, desto schwächer soll die Evidenz für einen kausalen Zusammenhang sein, vergleichbar mit der Diskontierung der Belohnung im $TD(\lambda)$-Lernen (Gleichung (6.9)) und der *Trace*-Dynamik in Blumbergs Ansatz (Gleichung (6.12)). Ein Kurzeitgedächtnis der Aktivität steht bereits mit dem **m**-Vektor aus Gleichung (4.11) zur Verfügung. Um den Wechsel des Sensorkontext von null auf eins festzustellen wird auch für diese Größe ein Gedächtnis eingeführt:

$$\dot{C}_i^{\mathrm{ms}} = \frac{(1 - C_i^{\mathrm{ms}})C_i^{\mathrm{s}}}{\tau_{cms,1}} - \frac{C_i^{\mathrm{ms}}(1 - C_i^{\mathrm{s}})}{\tau_{cms,2}} \qquad (6.13)$$
$$\text{mit} \quad \tau_{cms,1}, \tau_{cms,2} \in \mathbb{R}^+, \quad \tau_{cms,1} \gg \tau_{cms,2}$$

Diese Gleichung zeigt ein ähnliches Verhalten wie die bereits erläuterte Gedächtnis-Dynamik der Verhaltensaktivität aus Gleichung (4.11), allerdings ist die Relation der Zeitskalen hier umgekehrt. Dabei folgt C_i^{ms} einem von null ansteigenden Sensorkontext C_i^{s} auf der langsamen Zeitskala $\tau_{cms,1}$ und einem von eins abfallenden auf der schnellen Zeitskala $\tau_{cms,2}$.

Es wird eine Matrix $\mathbf{T} \in \mathbb{R}^{m \times m}$ von Lernsignalen definiert. Ein Element $T_{i,j}$ gibt die aktuelle Evidenz für einen Zusammenhang zwischen dem Sensorkontext C_i^{s} und dem Arbeitsgedächtnis m_j an. Da es keinen Sinn macht, den Zusammenhang mit rein reaktiven Verhalten zu lernen, werden alle Lernsignale auf null gesetzt, bei denen sich mindestens ein Index auf ein Default-Verhalten bezieht. Das Lernsignal für die Assoziation des Sensorkontextes eines Verhaltens i mit dem Arbeitsgedächtnis eines Verhaltens j wird folgendermaßen gewählt:

$$T_{i,j} = (1 - C_i^{\mathrm{default}})(1 - C_j^{\mathrm{default}})(C_i^{\mathrm{s}} - C_i^{\mathrm{ms}})(2m_j - 1) \qquad (6.14)$$

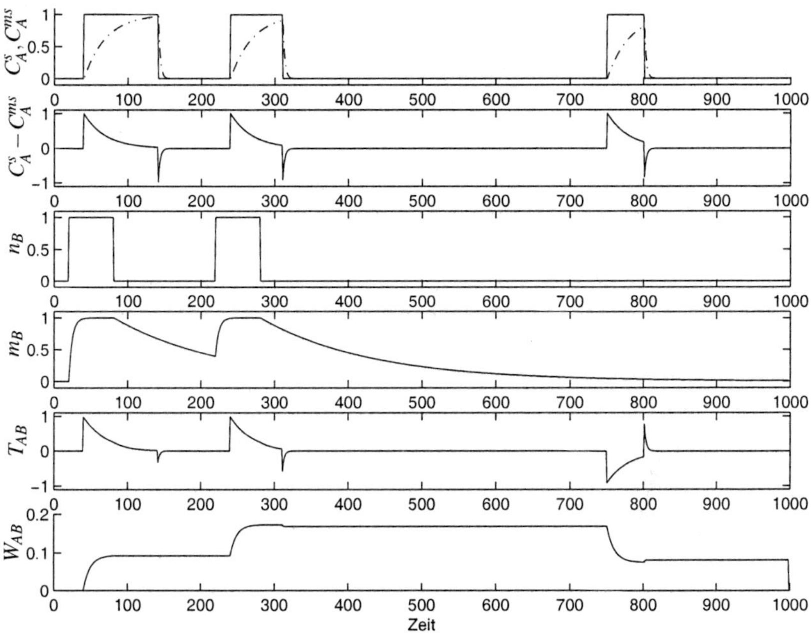

Abbildung 6.3: Die Grafik zeigt ein Beispiel für die Lerndynamik anhand einer Simulation: Der erste Graph zeigt den Sensorkontext C_A^s und dessen C_A^{ms}-Dynamik (strichpunktiert) eines Verhaltens A. Graph zwei zeigt die Differenz dieser Kurven. Positive Auslenkungen markieren Zeitpunkte, an denen das System lernen wird, da es hier zu einem Wechsel des Sensor-Kontextes von null auf eins kommt. Die Graphen drei und vier zeigen die Aktivität n_B und die Gedächtnisdynamik m_B eines Verhaltens B. Das Lernsignal T_{AB} und die Assoziationsvariable W_{AB} sind in den untersten beiden Graphen angegeben. Die ersten beiden Peaks des Sensorkontextes C_A^s folgen zeitlich unmittelbar auf die Aktivität des Verhaltens B. Entsprechend ergibt sich ein positives Lernsignal T_{AB}, das in W_{AB} integriert wird. Die Assoziationsvariable W_{AB} steigt von null auf 0,1. Ein ähnlicher Verlauf bei $t = 230$ erhöht W_{AB} weiter auf 0,2. Bei $t = 750$ wird der Sensorkontext C_A^s aktiv, ohne dass zuvor Verhalten B aktiv war. Es ergibt sich ein negatives Lernsignal und W_{AB} sinkt auf 0,1 ab - die Evidenz für einen kausalen Zusammenhang zwischen der Aktivität von A und dem Sensorkontext von B wird verringert.

Damit wird $T_{i,j}$ negativ für einen antikorrelierten Zusammenhang, positiv für eine Korrelation zwischen der Aktivität von Verhalten j und dem ansteigendem Sensorkontext und null, falls keine Aussage getroffen werden kann, da C_i^s konstant ist (Abbildung 6.3). Die eigentliche adaptive Struktur ist eine Matrix $\mathbf{W} \in \mathbb{R}^{m \times m}$. Die Einträge $W_{i,j},\ \ 0 \le i \le n,\ \ 0 \le j \le n$ integrieren die entsprechenden Lernsignale $T_{i,j}$. Alle Elemente beider Matrizen werden zum Systemstart zu null initialisiert.

Als Lernregel sind zwei unterschiedliche Varianten geprüft worden:

1. Für alle $W_{i,j}$, $1 \le i, j \le m$ wird folgendes dynamisches System angesetzt:

$$\tau_W \dot{W}_{i,j} = T_{i,j}^2 (T_{i,j} - W_{i,j}) \tag{6.15}$$

   Damit folgt $W_{i,j}$ für $T_{i,j} \neq 0$ dem Wert $T_{i,j}$ auf der Zeitskala τ_W. Der Faktor $T_{i,j}^2$ bewirkt, dass sich $W_{i,j}$ für $T_{i,j} \approx 0$ nur sehr langsam verändert und die Assoziation nur durch ein ausreichend starkes Lernsignal beeinflusst wird. Da $0 \le T_{i,j} \le 1 \ \ \forall\ \ i,j$ gilt, ist auch $W_{i,j} \in [0,1] \ \ \forall\ \ i,j$. Die Einträge in $\mathbf{W}$ können also nicht unbegrenzt anwachsen und daher immer in endlicher Zeit umgelernt werden.

2. Analog zu dem in Kapitel 6.2.3 vorgestellten Ansatz lässt sich eine Kompetition unter den Verhalten erzeugen, für die ein kausaler Zusammenhang gelernt werden soll. Die Verhalten, die potentiell den Sensorkontext eines anderen Verhaltens erzeugen, treten dabei so in wechselseitige Hemmung, dass nur das Verhalten als assoziierte Ursache gespeichert wird, für das die Evidenz für einen Zusammenhang maximal ist. Die folgende Lernregel realisiert dieses Verhalten:

$$\tau_W \dot{W}_{i,j} = T_{i,j}^2 \left(T_{i,j} - W_{i,j} - \sum_{k \neq i} \theta(W_{i,k}, 0) + \xi_t \right) \tag{6.16}$$

   $\theta(x,Q)$ bezeichnet die Schwellwertfunktion mit

$$\theta(x,Q) = \begin{cases} 0 : x < Q \\ x : x \ge Q \end{cases} . \tag{6.17}$$

   Durch den Summenterm in Gleichung (6.16) hemmen sich alle Einträge einer Spalte in $\mathbf{W}$, die größer als null sind, gegenseitig. Der mittelwertfreie und stetige Rauschterm ξ_t (z. B. Wiener-Prozess) stellt sicher, dass auch bei symmetrischen Bedingungen genau eine Kausalrelation diese *Winner-Take-All*-Kompetition gewinnt. Obwohl durch dieses Verfahren falsch gelernte Einträge in $\mathbf{W}$ vermieden werden können, wird durch diesen Ansatz gleichzeitig eine Annahme über die Problemdomäne gemacht: Es wird angenommen, dass jede Aktion maximal einen wahrnehmbaren Effekt hat. Die nachfolgenden Experimente werden zeigen, dass diese Annahme in dem hier gegebenen Szenario falsch ist.

Der auf diese unterschiedlichen Weisen bestimmte Zusammenhang zwischen den Aktivitäten aller Verhalten und den Sensorkontexten wird durch eine Schwellwertfunktion auf das Votum-Schema abgebildet:

$$V_{i,j} = \begin{cases} 0 : W_{i,j} < H \\ 1 : W_{i,j} \geq H \end{cases} \tag{6.18}$$

Dabei ist H eine klein zu wählende Konstante. Die Einträge der Matrix $\mathbf{W}$ werden mit $W_{i,j} = 0 \;\forall\; i,j$ initialisiert, sofern kein Wissen über die Effekte der Verhalten a priori in das System implementiert werden soll. Die Lernrate $1/\tau_w$ und der Schwellwert H können so gewählt werden, dass One-Shot-Learning oder Lernen aus wenigen Beispielen realisiert wird. Dabei soll nochmals darauf hingewiesen werden, dass für den Lernvorgang die Stärke des Anstiegs des Sensorkontextes und die zeitlichen Abstände zu den letzten Aktivierungen der Verhalten bestimmend sind. Eine einfache qualitative Aussage über die Anzahl der notwendigen Versuche, die zum Lernerfolg führen, kann daher nicht gemacht werden. Geeignete Werte für τ_w und H werden statt dessen experimentell ermittelt[2].

6.3.2 Exploration

Eng verbunden mit der Lernfähigkeit autonomer Roboter ist das *Exploration versus Wissensverwertung*[3]-Problem. Ein System, das mit relativ wenig Wissen ausgestattet ist, wird seine Umwelt und seine Fähigkeiten zunächst erkunden müssen, bevor es sinnvoll und zielgerichtet agiert. Das *Exploration versus Wissensverwertung*-Problem bezieht sich auf die Strategie des Systems, Zeit und Aufwand zur Erreichung seiner Ziele dadurch zu minimieren, dass ein guter Kompromiss aus Exploration und Verwendung des erworbenen Wissens geschlossen wird. Ein oft benutztes Sinnbild ist das des „k-armigen Banditen", einem System, das k Geldspielmaschinen mit unterschiedlicher Gewinnwahrscheinlichkeit simultan bedient, dazu aber nur begrenzte Zeit hat und den maximalen Gewinn erzielen soll. Das System muss also einerseits herausfinden, welche Maschine den maximalen Gewinn verspricht und dieses Gerät anschließend möglichst oft benutzen. Verkürzt es die Explorationsphase stark, wird es das beste Gerät nicht mit ausreichender Sicherheit finden können. Wählt es diese Phase zu lang, findet es zwar den besten Spielautomaten, kann ihn aber nicht mehr oft benutzen (siehe dazu z. B. Thrun 1992).

Die Bewertung, ob das Erfahrungswissen des Systems unter Berücksichtigung der aktuellen Ziele des Systems einen vollständigen Plan entwickeln lässt, ist in konnektionistischen Systemen meist nicht ohne weiteres festzustellen. Die Formulierung des hier entwickelten Lern- und Planungsschemas ermöglicht aber genau diese Bewertung: Die Verhaltensorganisation soll genau dann explorieren, wenn entweder kein Ziel gegeben wurde, oder wenn nicht für mindestens ein Verhalten der externe und der Sensor-Kontext gleich eins ist, wenn

[2] In den nachfolgenden Experimenten wurden stets die experimentell ermittelten Werte $\tau_w = 3{,}0$ und $H = 0{,}15$ verwendet.

[3] engl.: Exploration versus Exploitation

also in der aktuellen Situation nicht mindestens ein zielgerichtetes Verhalten ausgeführt werden kann.

Die Berechnung eines *globalen Explorationskontextes* durch

$$E = \prod_j (1 - C_j^e C_j^s) \tag{6.19}$$

leistet genau diese Bewertung. Für $E > 0{,}5$ wird das System autonom in einen Explorationsmodus wechseln und für $E \leq 0{,}5$ durch zielgerichtete Aktivierung der Verhalten die gegebenen Ziele realisieren.

Im Explorationsmodus wird aus den ausführbaren Verhalten stochastisch eine Untermenge ausgewählt. Ein einfaches dynamisches System sorgt durch eine Art Zerfallsterm dafür, dass die Motivation, diese Verhalten auszuführen, mit der Zeit abfällt und andere Verhalten ausprobiert werden können. Die Motivation, ein einzelnes Verhalten zu explorieren, wird wie folgt gewählt:

$$\dot{M}_i = -\frac{1}{\tau_M} M_i + \zeta(p_i)(1 - M_i), \quad \tau_M \in \mathbb{R}^+ \tag{6.20}$$

Dabei ist $\zeta(p_i)$ ein stochastisches Signal. Es stellt ein Rechtecksignal der Amplitude eins und sehr kurzer Impulsdauer dar, das stochastisch p_i-mal in einer Sekunde auftritt[4]. Daher wird M_i statistisch einmal in $1/p_i$ Sekunden auf eins gesetzt und sinkt nachfolgend bis zum nächsten Impuls auf der Zeitskala τ_M gegen null zurück.

Mit dem globalen Explorationskontext E und der Motivation der Einzelverhalten zur Exploration M_i lässt sich nun ein Explorationskontext C_i^{explore} mit

$$C_i^{\text{explore}} = E M_i \tag{6.21}$$

definieren. Durch eine Erweiterung von Gleichung (5.3) wird die Fähigkeit zur autonomen Exploration in die Verhaltensorganisation eingebunden (siehe Anhang B):

$$\begin{aligned} C_i &= (C_i^e \vee C_i^{\text{default}} \vee C_i^{\text{explore}}) \wedge C_i^s \\ &= (1 - (1 - C_i^e)(1 - C_i^{\text{default}})(1 - C_i^{\text{explore}}))C_i^s \end{aligned} \tag{6.22}$$

Damit kann ein Verhalten ausgeführt werden, wenn es zielgerichtet agieren kann, ein reaktives (Default-) Verhalten ist, oder wenn sich das System im Explorationsmodus befindet und dieses Verhalten zur Exploration motiviert ist.

6.3.3 Beschleunigte Exploration

Gemäß Gleichung (6.20) werden die Motivationen zur Exploration für alle Verhalten mit gleicher Häufigkeit geschaltet. Das bedeutet, dass in der Explorationsphase das bis dahin

[4] In den Experimenten wurde $p_i = 0{,}05$ gewählt.

gesammelte Wissen ungenutzt bleibt. Erst wenn ausreichend Information gesammelt wurde, um mindestens ein zielgerichtetes Verhalten zu aktivieren, wird die adaptierte Matrix $\mathbf{W}$ genutzt. Da aber die aktuellen Ziele zu jeder Zeit der Explorationsphase bekannt und die Einträge der $\mathbf{W}$-Matrix jederzeit sinnvoll sind, können diese Informationen für eine bessere Berechnung der Motivationen benutzt werden.

Dabei sollen die Verhalten bei der Exploration bevorzugt aktiviert werden, die mit möglichst vielen aktivierten Subzielen (d. h. Verhalten i, für die $C_i^{\mathrm{e}} = 1$ gilt) über $\mathbf{W}$ assoziiert werden. Verhalten, für die bereits bekannt ist, dass sie mit den aktiven Subzielen eher antikorreliert sind, sollen mit geringerer Wahrscheinlichkeit ausgewählt werden.

Dazu wird zu jedem Verhalten ein Maß J_i für die durchschnittliche kausale Assoziation mit den zur Zeit aktiven Subzielen bestimmt:

$$J_i = C_i^{\mathrm{s}}(1 - C_i^{\mathrm{default}}) \frac{a + \sum_k (1 + W_{k,i}) C_k^{\mathrm{e}}}{a + \sum_k C_k^{\mathrm{e}}}, \quad a \in \mathbb{R}^+ \tag{6.23}$$

Der Bewertungsterm wird null für alle Verhalten, deren Sensorkontext gleich null ist, da diese Verhalten zu diesem Zeitpunkt nicht exploriert werden können. Dabei wird J_i ebenso zu null für alle Default-Verhalten, da diese nicht gelernt werden und daher auch nicht exploriert werden müssen. Da $W_{i,j} \in [-1, 1]$ gilt, wird im Summenterm zu den Elementen der $\mathbf{W}$-Matrix eins hinzuaddiert. Die kleine positive Konstante a vermeidet die Singularität für den Fall, dass alle C_k^{e} gleich null sind und verhindert darüber hinaus, dass antikorrelierte Verhalten gar nicht mehr exploriert werden. In den nachfolgenden Experimenten wurde $a = 0{,}1$ gewählt.

Dabei sei noch einmal auf die rekursive Definition des externen Kontextes C_i^{e} und die Gleichungen (5.1) und (5.2) verwiesen. Sie sorgen dafür, dass das System zu jedem Zeitpunkt vom gewählten Ziel rückwärts plant, und den externen Kontext der Verhalten aktiviert, die in einer Sequenz dieses Ziel realisieren. Zu jedem Zeitpunkt der Explorationsphase werden nun also Verhalten bevorzugt, die aktuell ausführbar sind und die möglicherweise diese Subziele realisieren. Verhalten, für die keine oder eine negative Evidenz für eine kausale Relation zu den aktiven Subzielen gemessen wurde, werden seltener zur Exploration ausgewählt. Die Wahrscheinlichkeit dafür, dass ein Verhalten zur Exploration ausgewählt wird, lässt sich dann z. B. einfach proportional den J_i wählen:

$$p_i = \frac{J_i}{\sum_k J_k} \tag{6.24}$$

Alternativ wird eine nichtlineare Berechnung der Wahrscheinlichkeiten mit einer Boltzmann-Verteilung geprüft:

$$p_i = \frac{e^{\frac{1}{T} J_i}}{\sum_k e^{\frac{1}{T} J_k}} \tag{6.25}$$

Darin ist T eine *Temperatur-Konstante*, die bestimmt, wie stark Verhalten mit größerem J_i-Wert bevorzugt werden. Die Eignung beider Gleichungen wird in den Experimenten geprüft.

6.3.4 Experimente

In den nachfolgenden Experimenten wird die Lernfähigkeit des Systems und der autonome Moduswechsel zwischen Exploration und Problemlösung demonstriert.

Als Testumgebung dient wieder die Simulation aus Abschnitt 5.3.1. Die Kompetitionen und logischen Bedingungen der Verhalten (die Matrizen γ und $\mathbf{A}$) werden wie in Abschnitt 5.3.2 beschrieben parametrisiert. Das Planungsschema bleibt jedoch leer, d. h. es gilt $V_{i,j} = 0 \ \forall \ i, j$. Ebenso werden alle Elemente der Matrizen $\mathbf{W}$ und $\mathbf{T}$ mit null initialisiert.

Im nächsten Abschnitt wird ein typischer Ablauf eines Experiments zur Exploration und zum Lernen beschrieben. In Abschnitt 6.3.4.2 werden dann die Verfahren zur beschleunigten Exploration durch 50-fache Wiederholung eines Experimentes mit unterschiedlichen Zielen miteinander und mit dem unbeschleunigten Fall verglichen. Das Verfahren zum kompetitiven Lernen von Effekten wird in Abschnitt 6.3.4.3 geprüft.

6.3.4.1 Exploration und Lernen

Die Abbildungen 6.4 und 6.5 stellen ein typisches Experiment zum autonomen Lernen und Explorieren dar. Hier wird die Lernregel aus Gleichung (6.15) ohne beschleunigte Exploration verwendet. Der Roboter startet mit dem Ziel, Greifobjekte auf das blaue Objekt zu stapeln. Die Verhaltenssequenz ist in Abbildung 6.6 dargestellt. Die Perioden, in denen sich das System im Explorations- bzw. Arbeitsmodus befand, sind unter der Zeitachse markiert.

Der Roboter wechselt zu Beginn des Experiments unmittelbar in den Explorationsmodus, da das einzige Verhalten mit aktiviertem externen Kontext das Zielverhalten `drop_red_box_on_blue` ist, und dessen Sensorkontext gleich null ist (der Roboter hat noch kein Greifobjekt aufgenommen und berührt kein blaues Objekt). Nachdem kurze Zeit des Ruheverhalten `stop` aktiv war, wird das Verhalten `wander` exploriert (Abb. 6.6). Im Folgenden fährt der Roboter mehrfach auf ein rotes Objekt zu, greift es schließlich und fährt damit auf das grüne Objekt zu (Abb. 6.4, Bild 1). In Bild drei nimmt er erneut ein Greifobjekt auf, das er nach einigen Wechseln zwischen den Verhalten `target_green_box` und `target_blue_box` auf das blaue Zielobjekt legt. Mit dieser Aktion endet die Explorationsphase. Der Roboter hat damit den letzten benötigten Zusammenhang zwischen seinen Aktionen und den Sensorkontexten gelernt, nämlich dass das Zufahren auf das blaue Objekt den Sensorkontext von `drop_red_box_on_blue` erzeugen kann. In der nachfolgenden Arbeitsphase ergibt sich dann entsprechend ein sehr geordneter Ablauf der Verhaltensaktivierungen. Der Roboter fährt auf ein rotes Objekt zu, greift es (Bilder 5, 7, 9 und 11 in den Abbildungen 6.4 und 6.5), fährt auf das blaue Objekt zu und legt das gegriffene Objekt dort ab (Bilder 6, 8, 10 und 12). Dabei werden die reaktiven Verhalten `free` und `collision` wie bisher korrekt in der Sequenz aktiviert, denn der Lernvorgang betrifft ausschließlich das übergeordnete Planungsschema. Dabei sei noch einmal betont, dass das System selbstverständlich auch während der Arbeitsphase weiterhin lernt. Das ist besonders wichtig, wenn das System, wie in diesem Experiment, *One-Shot-Learning* realisiert und dabei möglicherweise eine falsche Assoziation lernt. Wenn dadurch der Wechsel in den Arbeitsmodus

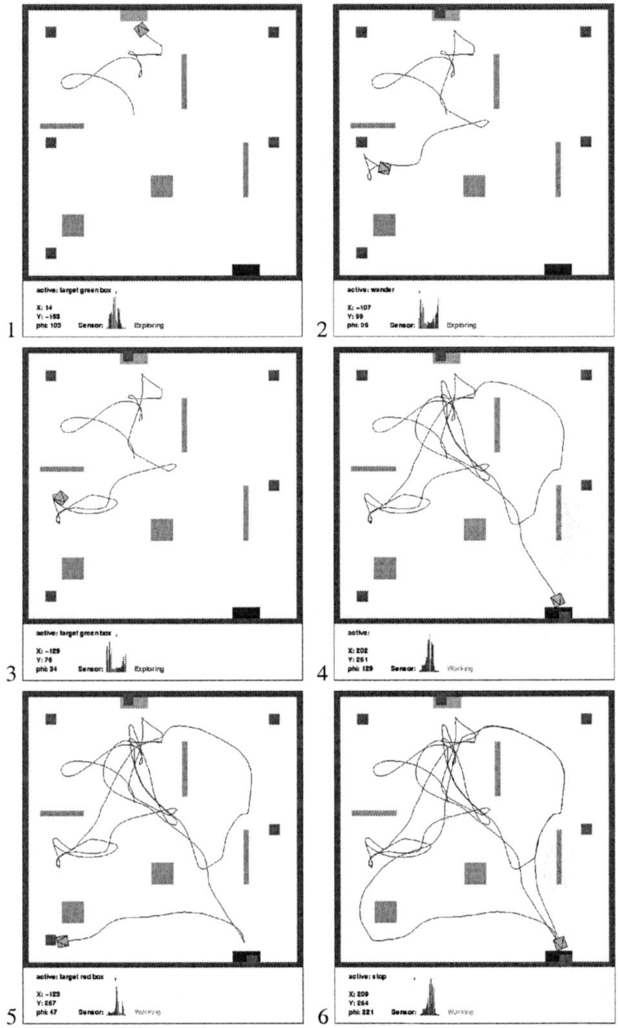

Abbildung 6.4: Experiment zum Lernen des Planungsschemas: Der Roboter hat die Aufgabe, alle Greifobjekte auf das dunkle Objekt (unten rechts) zu legen. Er exploriert zunächst sein Verhaltensrepertoire (Bilder 1 bis 3) und erlernt die Effekte seiner Aktionen. Mit dem Ablegen des ersten Greifobjektes auf das Ziel (Bild 4) ist sein Wissen vollständig, um die Aufgabe zu lösen. Das System wechselt vom Explorations- in den Arbeitsmodus.

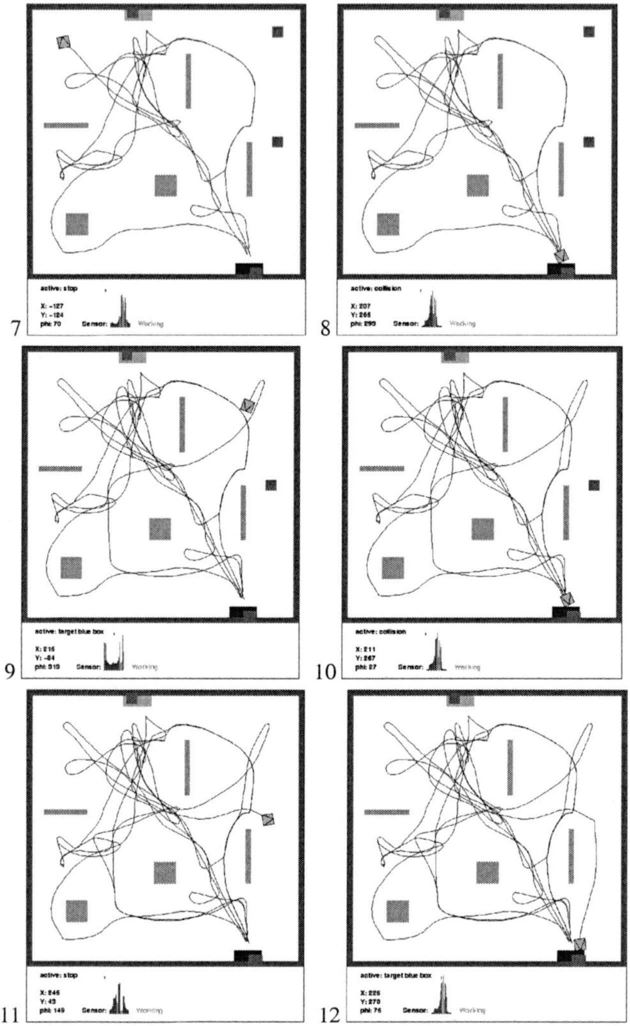

Abbildung 6.5: Experiment zum Lernen des Planungsschemas (Fortsetzung): Nachdem das System die Explorationsphase abgeschlossen hat, wiederholt es den zur Lösung der Aufgabe notwendigen Ablauf aus den Verhalten `target_red_box`, `grasp_red_box`, `target_blue_box` und `drop_red_box_on_blue`.

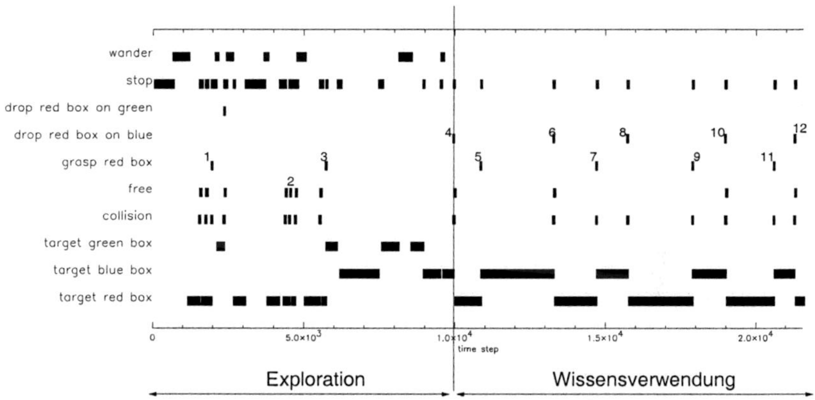

Abbildung 6.6: Verhaltenssequenz des Lernexperiments: Die Explorations- und Arbeitsphase sind unter der Zeitachse markiert. Ein einzelnes Ablegen eines roten Objektes auf das blaue Zielobjekt genügte, um das Wissen des Systems zur Lösung der Aufgabe zu vervollständigen, d. h. die Lernrate wurde hier so gewählt, dass *One-Shot-Learning* ermöglicht wird. Die Nummern 1 bis 12 in der Grafik markieren die Zeitpunkte, an denen die jeweiligen Bilder der Abbildungen 6.4 und 6.5 gespeichert wurden.

erfolgt und der Roboter mit dem fehlerhaften Planungsschema an der Aufgabe scheitert, werden diese Erfahrungen auch das Planungsschema korrigieren und das System wird wieder zurück in den Explorationsmodus wechseln.

Der Ablauf zeigt die erfolgreiche Umsetzung des Ansatzes zum Lernen des Planungsschemas und den autonomen Wechsel zwischen Exploration und Wissensverwendung in einem einzelnen Experiment. Im nächsten Abschnitt wird ein ähnliches Experiment 50 Mal wiederholt, um die Zuverlässigkeit des Schemas und die Performanz der unterschiedlichen Strategien zum beschleunigten Lernen zu betrachten.

6.3.4.2 Beschleunigte Exploration

Die Aufgabe, die der Roboter zu lösen hat, besteht darin, zunächst mehrere Greifobjekte auf das grüne Zielobjekt zu legen, d. h. der Zielkontext des Verhaltens `drop_red_box_on green` wird auf eins gesetzt. Nachdem er 6 Greifobjekte abgelegt hat, wird dieses Ziel deaktiviert und das Verhalten `drop_red_box_on_blue` als Ziel gegeben. Nachdem der Roboter insgesamt zwölf Objekte abgelegt hat, wird das Experiment gestoppt. Die Zeit, die der Roboter mit der Exploration seiner Verhalten verbringt, und die gesamte Laufzeit des Experiments werden gemessen. Nach dem Ende des Experiments wird die gelernte Matrix $\mathbf{W}$ gespeichert.

Hier wurden für das Lernen ohne Kompetition (Gleichung (6.15)) mit und ohne beschleunigte Exploration (gemäß den Gleichungen (6.24) und (6.25)) je 50 Durchläufe ausgeführt. Für diese drei Fälle wird die über alle Läufe gemittelte Matrix $\overline{\mathbf{W}}$ und die Standardabweichung $\mathrm{stddev}(\mathbf{W})$ berechnet. Ebenso werden die Mittelwerte der Explorations- und Gesamtlaufzeiten der Experimente und deren Standardabweichung ermittelt.

Die Tabellen 6.1, 6.4 und 6.7 zeigen die Matrix $\overline{\mathbf{W}}$ und deren Schwellwertbildung nach Gleichung (6.18), $\theta(\mathbf{W}, 0{,}15)$, zur Verdeutlichung als Grauwertbild. Hohe Werte sind schwarz, kleine weiß markiert. Die Zahlenwerte sind in den Tabellen 6.2, 6.3, 6.5, 6.6, 6.8 und 6.9 gegeben. Für die getesteten drei Explorationsstrategien mit konstanter Wahrscheinlichkeit p_i, der Wahl der Wahrscheinlichkeit proportional zu J_i (Gleichung (6.24)) und der Boltzmann-Wahrscheinlichkeit (Gleichung (6.25)) unterscheiden sich die gelernten Matrizen kaum. Die Schwellwertbildung dieser Mittelwerte zeigt, dass in allen Fällen die gleiche $\mathbf{V}$-Matrix gelernt wurde. Allerdings ist diese Belegung der Matrix nicht identisch mit der Wahl der Parametrisierung in Abschnitt 5.3.2. Während dort z. B. das Verhalten `drop_red_box_on_blue` für `grasp_red_box` und `target_blue_box` votierte, votiert in dem gelernten Schema `drop_red_box_on_blue` nur für `target_blue_box`. Dieses votiert allerdings für `target_red_box` und `grasp_red_box`. Eine entsprechend andere Lösung wurde als Plan für `drop_red_box_on_green` gelernt. Es wurde auch ein neuer Zusammenhang gelernt, der für die Lösung der Aufgaben gar nicht relevant erscheint, aber einen Effekt richtig repräsentiert: `target_red_box` votiert für `drop_red_box_on_blue`, d. h. der Roboter hat gelernt, dass zum Zufahren auf ein rotes Objekt, zunächst das Objekt, das der Roboter hält, abgelegt werden muss.

Die für die beschleunigte Exploration relevanten Zahlen der Laufzeitmessung sind in Tabelle 6.10 angegeben. Sie zeigt, dass das Schema zur beschleunigten Exploration den gewünschten Erfolg hat. Die Explorationszeiten wurden um 28 Prozent (bei Verwendung der Gleichung (6.24)) bzw. 24 Prozent (bei Verwendung der Gleichung (6.25)) verringert. Dabei war zuvor der Temperatur-Parameter der Boltzmann-Gleichung durch eine Versuchsreihe optimiert worden. Dass diese kürzere Explorationsphase nicht zu einer Unsicherheit der gelernten Information führt, belegen die kaum veränderten Standardabweichungen der Elemente der **W**-Matrizen in den Tabellen 6.6 und 6.9 gegenüber denen in Tabelle 6.3.

Die Standardabweichungen der Explorations- und Gesamtlaufzeiten (Tabelle 6.10) sind hingegen relativ groß. Das rührt von der Struktur des Experiments, d. h. der Art, wie der Roboter seine Aufgabe löst. Da er gedächtnislos navigiert, verbringt er viel Zeit mit der Suche des nächsten anzufahrenden Objektes und die Laufzeiten fallen dementsprechend unterschiedlich aus. Zum anderen wird auch die Explorationsphase durch den Zufall bestimmt und kann auch bei einer guten Strategie relativ lange dauern.

6.3.4.3 Kompetitives Lernschema

Analog zu dem von Blumberg, Todd und Maes (1996) entworfenen Lernschema wurde in der hier entwickelten Verhaltensorganisation kompetitives Lernen von Verhaltenseffekten implementiert. Die verwendete Lernregel wurde bereits in Gleichung (6.16) angegeben. Mit diesem Ansatz wurde das Experiment aus Abschnitt 6.3.4.2 wiederholt. Die Auswertung der gelernten **W**- bzw. **V**-Matrizen zeigen, dass der Summenterm in Gleichung (6.16) die Speicherung von nur einem Eintrag pro Spalte zulässt. Alle anderen Elemente in dieser Spalte, die alternative Effekte eines Verhaltens repräsentieren, werden wirksam unterdrückt (Abbildung 6.11).

In der ersten Spalte, d. h. bezogen auf die Effekte des Verhaltens `target_red_box`, wird hier der gewünschte Erfolg deutlich: Das Verhalten mit der stärksten Assoziation (`grasp_red_box`) gewinnt die Kompetition und unterdrückt die anderen Assoziationen, wie sie z. B. in Abbildung 6.7 gelernt wurden. Ein Problem entsteht allerdings in der Spalte von `grasp_red_box`: Die Aktivierung dieses Verhaltens erzeugt sowohl den Sensorkontext von `target_blue_box` als auch den von `target_green_box`. Die Kompetition unterdrückt allerdings jeweils eine Assoziation, so dass sich die beiden in Tabelle 6.11 gezeigten Lösungen alternativ ausbilden können. Da die Kandidaten für die zu lernende Assoziation eine identische Definition des Sensorkontextes haben, und die Lernsignale daher identisch sind, entscheidet der Rauschterm in Gleichung (6.16) zufällig für eine der beiden möglichen Lösungen.

Diese Unfähigkeit, zwei Effekte mit einem Verhalten zu assoziieren, führt im Verlauf dieses Experiments dazu, dass nicht das notwendige Wissen für den gesamten Ablauf gespeichert werden kann. Es kann entweder die vollständige Sequenz zum Ablegen der Greifobjekte auf das grüne Objekt repräsentiert werden, oder aber zum Ablegen auf das blaue Objekt (Bild 6.7). Der Roboter löst das Problem im Experiment dadurch, dass er genau dann, wenn die fehlende Assoziation benötigt wird, in den Explorationsmodus wechselt.

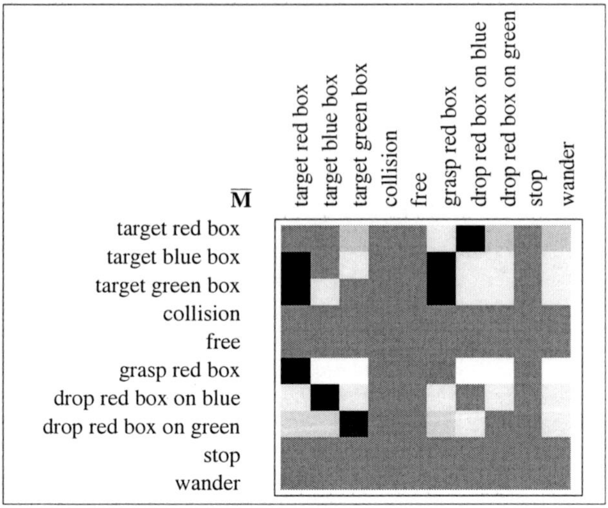

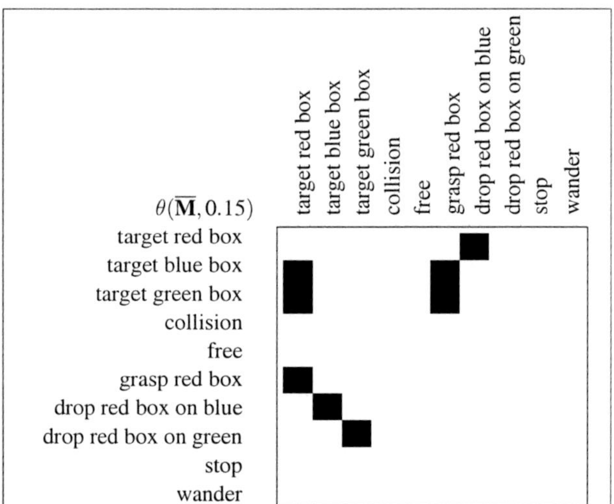

Tabelle 6.1: Mittelwert der **W**-Matrizen und die sich daraus ergebende **V**-Matrix für die 50 Durchläufe des Experiments ohne beschleunigte Exploration.

	target red box	target blue box	target green box	collision	free	grasp red box	drop red box on blue	drop red box on green	stop	wander
target red box	0.00	0.01	-0.36	0.00	0.00	-0.45	0.52	-0.36	0.00	-0.36
target blue box	0.50	0.00	-0.46	0.00	0.00	0.54	-0.46	-0.46	0.00	-0.46
target green box	0.50	-0.45	0.00	0.00	0.00	0.54	-0.46	-0.46	0.00	-0.46
collision	0.00	0.00	0.00	0.00	0.00	0.00	0.00	0.00	0.00	0.00
free	0.00	0.00	0.00	0.00	0.00	0.00	0.00	0.00	0.00	0.00
grasp red box	0.56	-0.55	-0.59	0.00	0.00	0.00	-0.59	-0.59	0.00	-0.59
drop red box on blue	-0.51	0.58	-0.51	0.00	0.00	-0.51	0.00	-0.51	0.00	-0.51
drop red box on green	-0.41	-0.41	0.48	0.00	0.00	-0.40	-0.44	0.00	0.00	-0.44
stop	0.00	0.00	0.00	0.00	0.00	0.00	0.00	0.00	0.00	0.00
wander	0.00	0.00	0.00	0.00	0.00	0.00	0.00	0.00	0.00	0.00

Tabelle 6.2: $\overline{\mathbf{M}}$ für das Experiment ohne beschleunigte Exploration.

	target red box	target blue box	target green box	collision	free	grasp red box	drop red box on blue	drop red box on green	stop	wander
target red box	0.00	0.04	0.00	0.00	0.00	0.02	0.02	0.00	0.00	0.00
target blue box	0.14	0.00	0.00	0.00	0.00	0.01	0.00	0.00	0.00	0.00
target green box	0.14	0.01	0.00	0.00	0.00	0.01	0.00	0.00	0.00	0.00
collision	0.00	0.00	0.00	0.00	0.00	0.00	0.00	0.00	0.00	0.00
free	0.00	0.00	0.00	0.00	0.00	0.00	0.00	0.00	0.00	0.00
grasp red box	0.17	0.17	0.01	0.00	0.00	0.00	0.01	0.01	0.00	0.01
drop red box on blue	0.02	0.01	0.02	0.00	0.00	0.02	0.00	0.02	0.00	0.02
drop red box on green	0.11	0.18	0.26	0.00	0.00	0.14	0.03	0.00	0.00	0.03
stop	0.00	0.00	0.00	0.00	0.00	0.00	0.00	0.00	0.00	0.00
wander	0.00	0.00	0.00	0.00	0.00	0.00	0.00	0.00	0.00	0.00

Tabelle 6.3: $stddev(\mathbf{M})$ für das Experiment ohne beschleunigte Exploration.

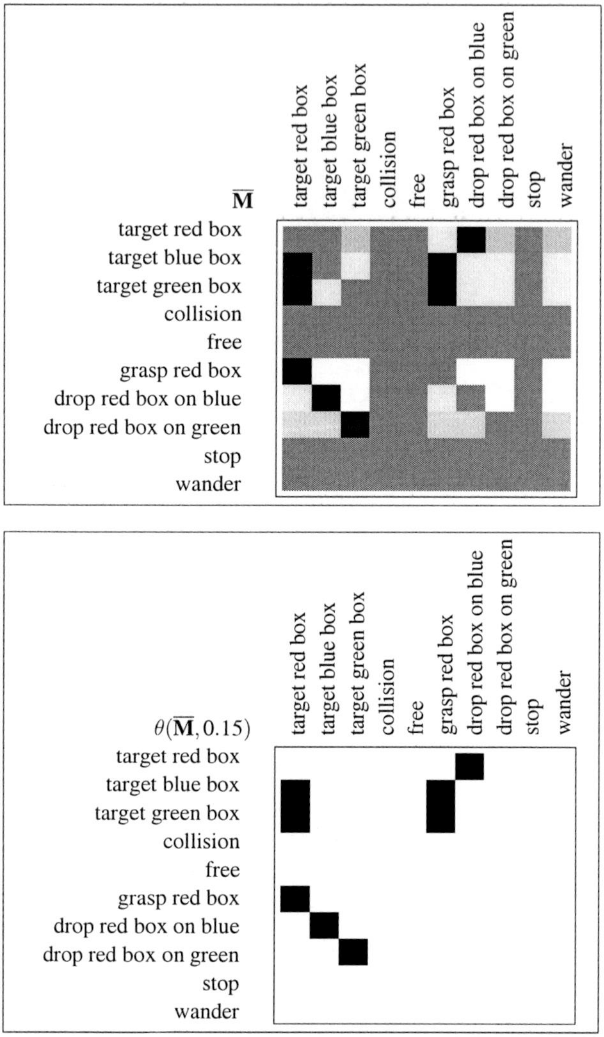

Tabelle 6.4: Mittelwert der **W**-Matrizen und die sich daraus ergebende **V**-Matrix für die 50 Durchläufe des Experiments mit beschleunigter Exploration nach Gleichung (6.24).

	target red box	target blue box	target green box	collision	free	grasp red box	drop red box on blue	drop red box on green	stop	wander
target red box	0.00	0.00	-0.36	0.00	0.00	-0.44	0.51	-0.36	0.00	-0.36
target blue box	0.50	0.00	-0.46	0.00	0.00	0.54	-0.46	-0.46	0.00	-0.46
target green box	0.50	-0.46	0.00	0.00	0.00	0.54	-0.46	-0.46	0.00	-0.46
collision	0.00	0.00	0.00	0.00	0.00	0.00	0.00	0.00	0.00	0.00
free	0.00	0.00	0.00	0.00	0.00	0.00	0.00	0.00	0.00	0.00
grasp red box	0.58	-0.56	-0.58	0.00	0.00	0.00	-0.58	-0.58	0.00	-0.59
drop red box on blue	-0.48	0.56	-0.51	0.00	0.00	-0.48	0.00	-0.51	0.00	-0.51
drop red box on green	-0.41	-0.43	0.49	0.00	0.00	-0.39	-0.43	0.00	0.00	-0.43
stop	0.00	0.00	0.00	0.00	0.00	0.00	0.00	0.00	0.00	0.00
wander	0.00	0.00	0.00	0.00	0.00	0.00	0.00	0.00	0.00	0.00

Tabelle 6.5: $\overline{\mathbf{M}}$ für das Experiment mit beschleunigter Exploration nach Gleichung (6.24).

	target red box	target blue box	target green box	collision	free	grasp red box	drop red box on blue	drop red box on green	stop	wander
target red box	0.00	0.06	0.00	0.00	0.00	0.03	0.02	0.00	0.00	0.00
target blue box	0.13	0.00	0.01	0.00	0.00	0.01	0.01	0.01	0.00	0.01
target green box	0.13	0.02	0.00	0.00	0.00	0.01	0.01	0.01	0.00	0.01
collision	0.00	0.00	0.00	0.00	0.00	0.00	0.00	0.00	0.00	0.00
free	0.00	0.00	0.00	0.00	0.00	0.00	0.00	0.00	0.00	0.00
grasp red box	0.15	0.16	0.01	0.00	0.00	0.00	0.01	0.01	0.00	0.01
drop red box on blue	0.12	0.15	0.02	0.00	0.00	0.12	0.00	0.02	0.00	0.02
drop red box on green	0.10	0.05	0.24	0.00	0.00	0.14	0.05	0.00	0.00	0.05
stop	0.00	0.00	0.00	0.00	0.00	0.00	0.00	0.00	0.00	0.00
wander	0.00	0.00	0.00	0.00	0.00	0.00	0.00	0.00	0.00	0.00

Tabelle 6.6: $stddev(\mathbf{M})$ für das Experiment mit beschleunigter Exploration nach Gleichung (6.24).

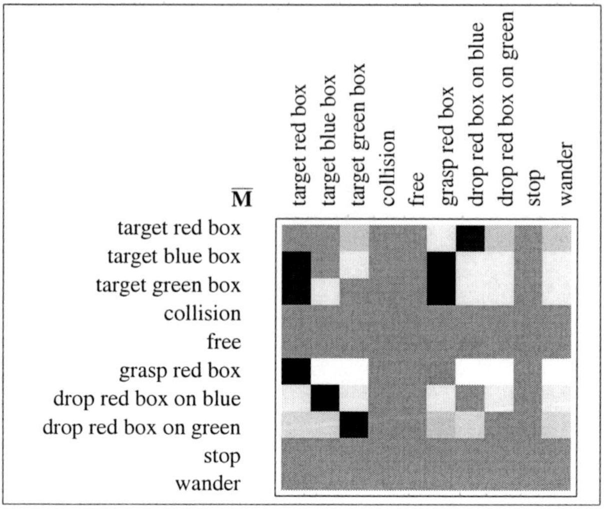

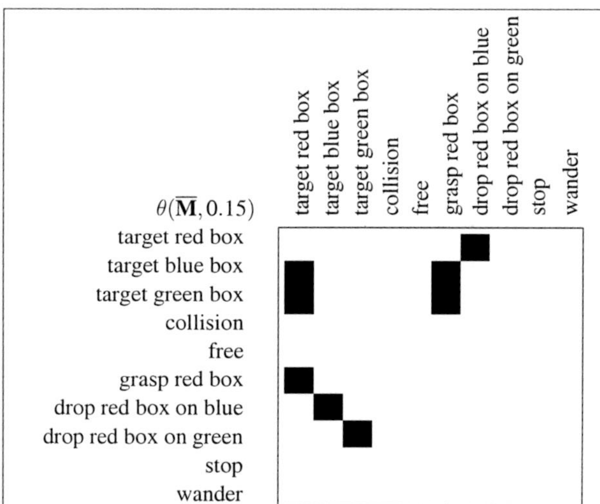

Tabelle 6.7: Mittelwert der **W**-Matrizen und die sich daraus ergebende **V**-Matrix für die 50 Durchläufe des Experiments mit beschleunigter Exploration nach Gleichung (6.25).

	target red box	target blue box	target green box	collision	free	grasp red box	drop red box on blue	drop red box on green	stop	wander
target red box	0.00	-0.00	-0.36	0.00	0.00	-0.45	0.49	-0.34	0.00	-0.36
target blue box	0.52	0.00	-0.46	0.00	0.00	0.53	-0.46	-0.46	0.00	-0.46
target green box	0.52	-0.45	0.00	0.00	0.00	0.53	-0.46	-0.46	0.00	-0.46
collision	0.00	0.00	0.00	0.00	0.00	0.00	0.00	0.00	0.00	0.00
free	0.00	0.00	0.00	0.00	0.00	0.00	0.00	0.00	0.00	0.00
grasp red box	0.60	-0.58	-0.58	0.00	0.00	0.00	-0.59	-0.59	0.00	-0.59
drop red box on blue	-0.48	0.52	-0.51	0.00	0.00	-0.48	0.00	-0.51	0.00	-0.51
drop red box on green	-0.39	-0.42	0.46	0.00	0.00	-0.36	-0.43	0.00	0.00	-0.43
stop	0.00	0.00	0.00	0.00	0.00	0.00	0.00	0.00	0.00	0.00
wander	0.00	0.00	0.00	0.00	0.00	0.00	0.00	0.00	0.00	0.00

Tabelle 6.8: $\overline{\mathbf{M}}$ für das Experiment mit beschleunigter Exploration nach Gleichung (6.25).

	target red box	target blue box	target green box	collision	free	grasp red box	drop red box on blue	drop red box on green	stop	wander
target red box	0.00	0.08	0.03	0.00	0.00	0.02	0.13	0.12	0.00	0.00
target blue box	0.07	0.00	0.00	0.00	0.00	0.01	0.01	0.00	0.00	0.00
target green box	0.07	0.01	0.00	0.00	0.00	0.01	0.01	0.00	0.00	0.00
collision	0.00	0.00	0.00	0.00	0.00	0.00	0.00	0.00	0.00	0.00
free	0.00	0.00	0.00	0.00	0.00	0.00	0.00	0.00	0.00	0.00
grasp red box	0.02	0.01	0.02	0.00	0.00	0.00	0.01	0.01	0.00	0.01
drop red box on blue	0.15	0.23	0.02	0.00	0.00	0.14	0.00	0.02	0.00	0.02
drop red box on green	0.17	0.12	0.28	0.00	0.00	0.21	0.04	0.00	0.00	0.04
stop	0.00	0.00	0.00	0.00	0.00	0.00	0.00	0.00	0.00	0.00
wander	0.00	0.00	0.00	0.00	0.00	0.00	0.00	0.00	0.00	0.00

Tabelle 6.9: $stddev(\mathbf{M})$ für das Experiment mit beschleunigter Exploration nach Gleichung (6.25).

	mittl. Zeit/[s]		Std.abw. Zeit/[s]	
	Exploration	Gesamt	Exploration	Gesamt
unbeschleunigt	384,2	1308,3	204,3	432,0
beschleunigt (1)	275,1	1079,8	127,8	277,9
beschleunigt (2)	290,3	1113,0	162,0	384,3

Tabelle 6.10: Mittlere Laufzeiten der Exploration und des gesamten Experiments sowie deren Standardabweichungen für die Experimente ohne beschleunigte Exploration, mit beschleunigter Exploration nach Gleichung (6.24) (1) bzw. nach Gleichung (6.25) (2).

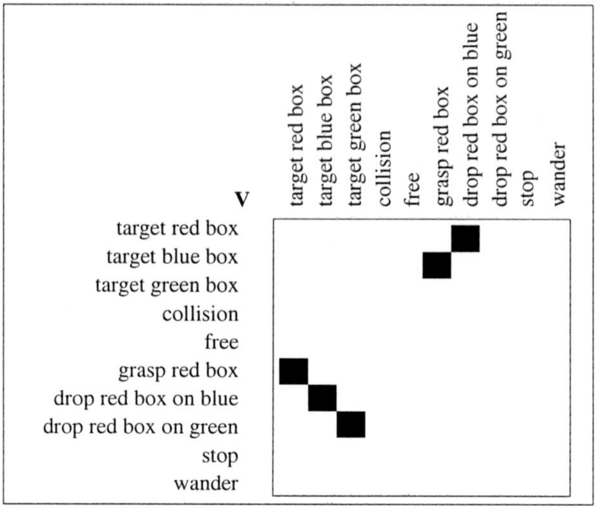

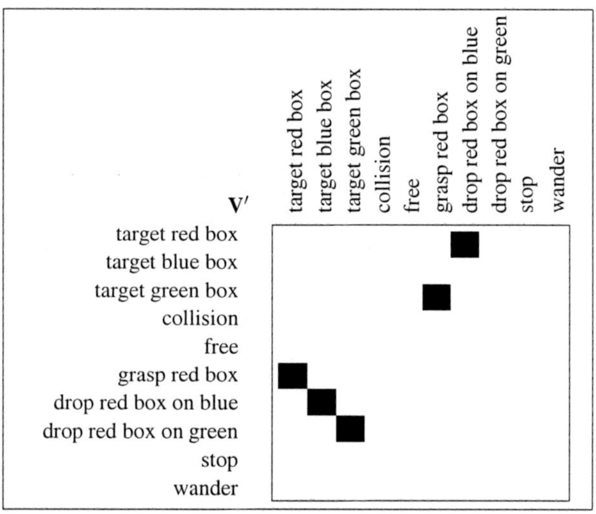

Tabelle 6.11: Kompetitives Lernen: Die Abbildungen zeigen zwei in unterschiedlichen Durchläufen des Experiments gelernte **V**-Matrizen. Die Kompetition (Gleichung (6.16)) erzwingt, dass für das Verhalten `grasp_red_box` nur exakt ein Effekt gelernt wird, in diesem Experiment entweder der Sensorkontext von `target_blue_box` oder `target_green_box`.

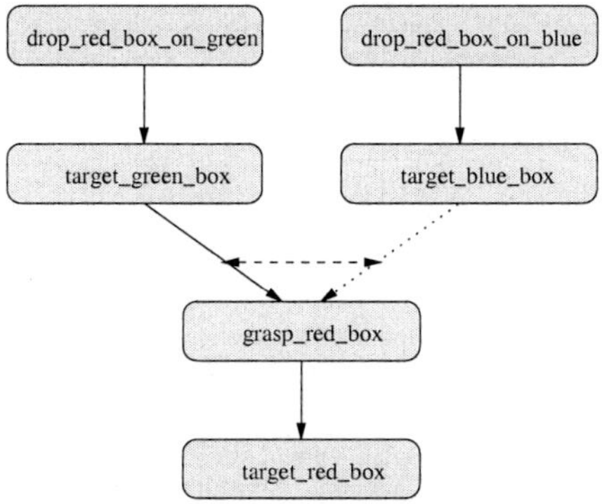

Abbildung 6.7: Kompetition der Verhaltenseffekte: Der Plan zum Lösen der beiden Teilaufgaben kann nicht vollständig gelernt werden. Pfeile mit durchgezogenen Linien geben die gelernten Votierungen an. Die gestrichelte Linie deutet die Kompetition an, die gepunktete die unterdrückte Assoziation.

	mittl. Zeit/[s]		Std.abw. Zeit/[s]	
	Exploration	Gesamt	Exploration	Gesamt
beschleunigt	290,3	1113,0	162,0	384,3
beschleunigt, mit Komp.	523,30	1315,1	112,4	202,7

Tabelle 6.12: Mittlere Laufzeiten der Exploration und des gesamten Experiments sowie deren Standardabweichungen für die Experimente mit beschleunigter Exploration nach Gleichung (6.25) ohne bzw. mit kompetitivem Lernen nach Gleichung (6.16).

Nach einiger Zeit kommt dann auch durch Zufall `grasp_red_box` zur Ausführung. Sobald ein rotes Objekt gegriffen wurde, wechselt der Roboter wieder in den Arbeitsmodus und setzt die Sequenz zum Ziel fort. Obwohl auf diese Weise die Aufgabe stets gelöst werden kann, ist sie sehr aufwändig, wie die Laufzeiten in Tabelle 6.12 zeigen.

Verglichen mit den Explorationszeiten im entsprechenden Experiment ohne kompetitives Lernen verbringt der Roboter hier etwa 80 Prozent mehr Zeit im Explorationsmodus. Die Gesamtdauer des Experiments nimmt entsprechend um etwa 20 Prozent zu.

Das kompetitive Lernen nach Gleichung (6.16) funktioniert hier so schlecht, weil ihm eine Annahme zu Grunde liegt, die in der Problemdomäne dieses Experiments nicht erfüllt ist. Während das Votum-Schema generell erlaubt, dass jedes Verhalten für mehr als ein anderes votiert, wird beim kompetitiven Lernen vermieden, dass ein Verhalten von mehr als einem anderen ein Votum erhält. Das *Winner-Take-All*-Schema ermöglicht zwar durch die Auswahl der „stärksten“ Erklärung für eine Beobachtung eventuell die Vermeidung von falschen Assoziationen, verhindert aber gleichzeitig die Repräsentation mehrerer Effekte zu einer Ursache.

6.3.5 Diskussion

Das entwickelte Schema zeigt eine sehr effektive Methode, das für das Planungsschema benötigte Wissen aus wenigen Versuchen des Roboters autonom zu gewinnen. Die Struktur der bis hierher entwickelten Verhaltensorganisation ist entscheidend für die Leistungsfähigkeit dieses Lernansatzes. In den Experimenten wird erfolgreich ein *One-Shot-Learning* demonstriert.

Die untergeordnete Organisation der Einzelverhalten (siehe Abschnitt 4.2) erlaubt das sichere Ausprobieren der einzelnen Verhalten in einem Explorationsmodus. Die Kompetitionen, Vorbedingungen und die Verwendungen von Default-Verhalten verhindern in dieser Phase, dass der Roboter unkoordiniert Teilmengen seines Verhaltensrepertoires aktiviert und damit Verklemmungen erzeugt oder, im Fall des realen Roboters, Schäden verursachen könnte. Die rückgekoppelte Auswertung des Planungsschemas ermöglicht eine einfache Lösung des *Exploration versus Wissensverwertung*-Problems unter Berücksichtigung der aktuell vorgegebenen Ziele. Es ist zu jeder Zeit feststellbar, ob der Roboter ein Verhalten zielgerichtet einsetzen kann, oder ob eine weitere Exploration notwendig ist. Die Entscheidung zwischen Arbeits- und Lernmodus wird somit vom System autonom getroffen. Eine Veränderung der Ziele des Systems verändert, falls nötig, instantan die Wahl des Modus. Dabei wird der Realisierung von Subzielen stets die Priorität vor einer weiteren Exploration gegeben.

Unterschwellig schwache Assoziationen, die noch kein Votum im Planungsschema erzeugen, werden bei der Exploration zur Beschleunigung des Lernvorgangs berücksichtigt. Schwach positiv mit den aktiven Subzielen assoziierte Verhalten werden dazu öfter zur Exploration ausgewählt als negativ assoziierte. Dieser Ansatz zur beschleunigten Exploration verringert den Aufwand der Trainingsphase um etwa 25 %.

Als alternative Lernregel wird ein kompetitives Schema nach Blumberg, Todd und Maes (1996) geprüft. Damit werden ggf. falsche Assoziationen des Lernschemas unterdrückt, jedoch keine alternativen Effekte eines Verhaltens zugelassen. In den Experimenten versagte dieser Ansatz aufgrund der Struktur der möglichen Aufgaben des Roboters.

Abbildung 6.8 zeigt die gesamte Verhaltensorganisation mit Planungs- und Lernschema in einer schematischen Übersicht. Sie verdeutlicht noch einmal das Zusammenwirken dieser drei Schichten und die unterschiedlichen Rückkoppelschleifen. Die Verhaltensorganisation koppelt durch das kompetitive Schema und über das Kurzzeitgedächtnis auf sich selbst zurück. Die Aktivität der Verhalten wirkt über die Umwelt und deren Wahrnehmung über die Sensorkontexte ebenfalls auf die Verhaltensauswahl zurück. Das Planungsschema aus Ziel-, Votum- und externem Kontext sowie der Votum-Matrix bildet in sich ein rückgekoppeltes System, indem der externe Kontext über die Votum-Matrix zurückwirkt und diese so iterativ ausgewertet wird. Da die Matrix $\mathbf{V}$ aber meist nur spärlich besetzt ist, stellt dieser

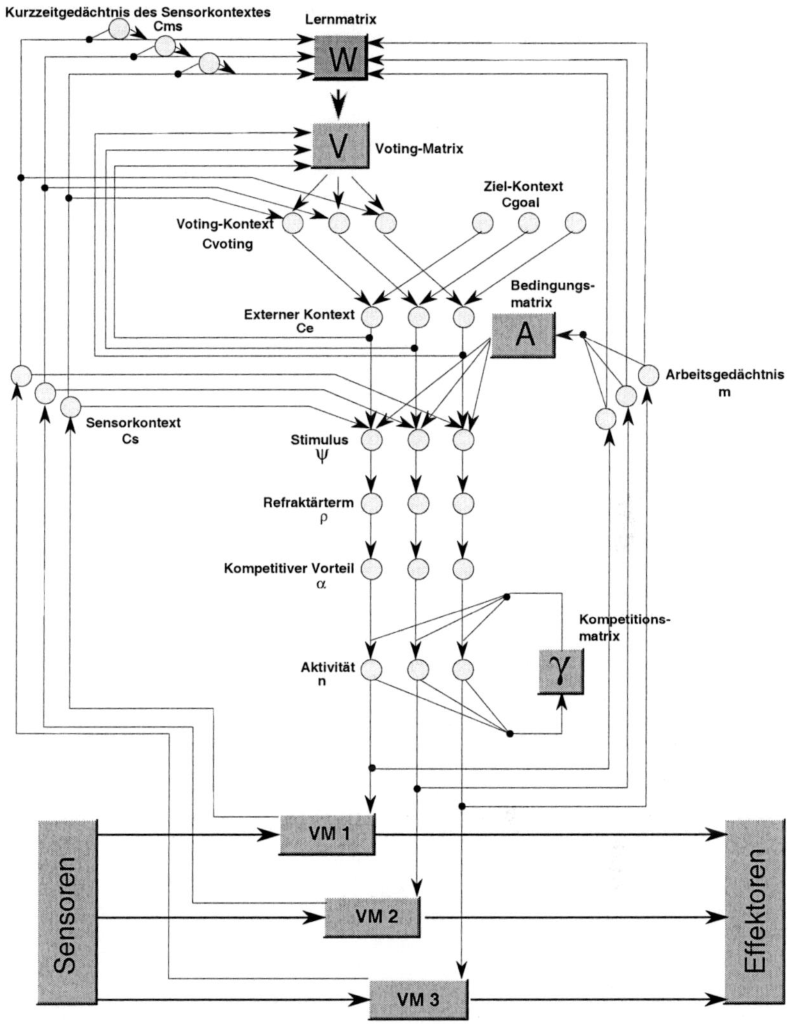

Abbildung 6.8: Übersicht über die Verhaltensorganisation mit Planungs und Lernschema. Aus Gründen der Übersichtlichkeit wurden die Default-Kontexte und der Einfluss der **A**-Matrix auf den Votum-Kontext nicht eingezeichnet.

Konstrukt keine Rückkopplung dar. Sensorkontexte und Arbeitsgedächtnis **m** beeinflussen die Lernmatrix **W**, die sich auf der langsamsten Zeitskala des gesamten Systems verändert. Sie schließt über ihre Abbildung auf die Votum-Matrix **V** die äußere Rückkoppelschleife des Schemas.

Das Lernschema ergänzt damit die Verhaltensorganisation und das Planungsschema unter Nutzung der gleichen Formalismen. Die dadurch ermöglichte enge Kopplung dieser drei Ebenen lässt das System gelernte Zusammenhänge oder veränderte Ziele instantan die Verhaltensauswahl beeinflussen. Zusammen mit der Fähigkeit, das Verhaltensrepertoire autonom zu explorieren, hebt sich dieser Ansatz stark von den bestehenden Lernschemata ab.

7 Zusammenfassung, Diskussion und Ausblick

7.1 Zusammenfassung und Diskussion

In dieser Arbeit wird eine neue Methodik zur Verhaltensauswahl für einen autonomen mobilen Service-Roboter mit vielen Freiheitsgraden entwickelt und die Tragfähigkeit des Ansatzes mithilfe umfangreicher Experimente belegt.

Das formale Fundament des Ansatzes bilden nichtlineare dynamische Systeme. Diese Form der Beschreibung wurde gewählt, um zeitkontinuierlich rückgekoppelte Teilsysteme kompakt darstellen zu können und um nichtlineare Effekte wie z. B. Hysterese zur Verhaltenssteuerung zu nutzen. Da die bestehende Verhaltensgenerierung des Roboters ebenfalls auf nichtlinearen dynamischen Systemen beruht, lässt sich damit das System in einer einheitlichen Sprache beschreiben.

Das System zur Verhaltensorganisation selbst besteht aus einem Satz nichtlinearer Differentialgleichungen. Darin wird für ein Repertoire implementierter Verhalten des Roboters zu jedem dieser Verhalten ein Satz abstrakter Variablen erstellt, der z. B. die Aktivität des Verhaltens, ein Arbeitsgedächtnis oder den Sensorkontext als skalare zeitabhängige Zustände beschreibt. Die Zustandsvariablen eines Verhaltens hängen einerseits so voneinander ab, dass das Verhalten in der geeigneten Umweltsituation aktiviert werden kann, andererseits sind die Verhalten untereinander so gekoppelt, dass durch Kompetitionen und logische Abhängigkeiten parallele Ausführungen der Aktionen erlaubt oder unterdrückt und zeitliche Abfolgen erzwungen werden können. Diese Wechselwirkungen zwischen den Verhalten des Roboters werden in Matrizen gespeichert und können durch eine Konfigurationssprache sinnfällig beschrieben werden. Für den so entwickelten Kern der Verhaltensorganisation wird die Fähigkeit zur intelligenten Lösung von exemplarischen Aufgaben eines autonomen Service-Roboters demonstriert.

Um diese Anwendung auf einer mobilen, nur mit optischen Sensoren ausgestatteten Plattform zu realisieren, werden unterschiedliche Sensorverfahren so implementiert, dass sie dem Roboter ausreichende Umweltinformation zur Kontrolle der Verhalten zur Verfügung stellen und zudem die Ableitung der für die Verhaltensorganisation benötigten Sensorkontexte erlauben. Die entwickelten Verfahren umfassen eine visuelle Hinderniserkennung durch invers-perspektivische Abbildung, die Detektion gewöhnlicher Türen in Innenraumumgebungen und die Klassifikation von Szenenansichten basierend auf Autokorrelationsmerkmalen zweiter Ordnung in Bildpyramiden. Die entwickelten Verhalten bilden das notwendige Aktionsrepertoire des Roboters, um gewöhnliche Türen in Innenraumumgebungen autonom zu durchqueren und auch im Fall von Fehlern, Störungen und Kollisionen geeignet zu reagieren. Die Fähigkeit zur Szenenklassifikation ermöglicht eine besonders flexible Definition von Sensorkontexten. Orte und Situationen, an denen bestimmte Verhalten gezeigt werden sollen, können damit visuell gelernt werden, ohne dass dem System durch interne Karten oder künstliche Landmarken eine Erkennung des Ortes ermöglicht werden muss. Alle Verhalten werden durch dynamische Systeme beschrieben, deren Attraktoren den gewünschten Zielzustand des Systems repräsentieren, also z. B. die Blickrichtung des Kamerakopfes auf eine Tür oder die Bewegungsrichtung des Roboters zwischen den Türzargen. In Verbindung mit der dynamischen Verhaltensorganisation demonstrieren diese Sensor- und Verhaltensmodule extrem robuste Strategien zur Lösung einfacher Aufgaben in einer unstrukturierten und dynamischen Umgebung des Roboters.

Ein aufgesetztes konnektionistisches Planungsschema versetzt die Verhaltensorganisation in die Lage, unterschiedliche Ziele zu repräsentieren und aus der Kenntnis der Effekte der unterschiedlichen Verhalten zielgerichtete Verhaltenssequenzen zu generieren. Eine Matrix speichert dazu die Kausalzusammenhänge zwischen der Verhaltensaktivität und den Sensorkontexten, d. h. den Ausführungsbedingungen der anderen Verhalten. Diese Effekte der Roboteraktionen werden als situationsunabhängig angenommen, sie haben also unabhängig von der aktuell wahrgenommenen Umweltsituation stets die gleiche Wirkung. Der dadurch klein gewählte Zustandsraum des Planungsschemas ermöglicht im Folgenden ein schnelles Lernen der relevanten Strukturen. Das Planungsschema nutzt sehr stark die Formulierung des zu Grunde liegenden Systems zur Verhaltensorganisation. Entsprechend robust reagiert das System auf den Wechsel des gegebenen Ziels zu beliebigen Zeitpunkten oder die gleichzeitige Vorgabe mehrerer Ziele. Der wechselseitige Ausschluss und logische Bedingungen bezüglich der Reihenfolge der Aktivierung von Verhalten haben stets eine höhere Priorität als das Planungsschema. Es können damit auch bei schnell wechselnden Zielmustern keine „verbotenen" Aktivierungsmuster oder Sequenzen erzeugt werden. Auf dieser Ebene wird zwischen zielgerichteten und rein reaktiven Verhalten unterschieden, die unabhängig von den gegebenen Zielen aktiv werden können, um den Roboter z. B. aus Verklemmungen zu befreien und so in Notsituationen Bedieneingriffe überflüssig machen.

Die Formulierung des Planers als ein System rückgekoppelter Gleichungen in kontinuierlichen Variablen und der relativ kleine Zustandsraum eröffnen die Möglichkeit, das Schema die zur Planung notwendige Information zur Laufzeit lernen zu lassen. Dazu adaptiert eine Matrix die Kreuzkorrelation zwischen dem Vektor der Arbeitsgedächtnisse und der Veränderung der Sensorkontexte aller Verhalten. Das Auftreten eines Sensorkontextes nach der Aktivierung eines anderen Verhaltens wird als Evidenz für einen kausalen Zusammenhang gewertet. Die Kreuzkorrelationsmatrix wird über eine Schwellwertfunktion auf das Planungsschema abgebildet. Je nach Lernrate kann damit Lernen aus wenigen Beispielen oder sogar *One-Shot-Learning* realisiert werden, wie die Experimente in einer Simulation zeigen. Abhängig von den gegebenen Zielen entscheidet das System autonom, ob es die eigenen Verhalten exploriert, oder zielgerichtet verwendet. Immer, wenn mindestens ein Verhalten in einer vorausgeplanten Sequenz aktuell ausgeführt werden kann, entscheidet sich das System für den Arbeitsmodus, ansonsten wählt es stochastisch Verhalten zur Exploration aus. Die Wahrscheinlichkeit, dass ein einzelnes Verhalten ausgewählt wird, kann dabei in Abhängigkeit von den gelernten Korrelationen mit den gerade aktiven Zielen bzw. Subzielen, also den Verhalten, die Elemente der geplanten Sequenz sind, gewählt werden. In den Experimenten wird gezeigt, dass durch diese frühe Ausnutzung des Gelernten die zur Exploration benötigte Zeit um ca. 25 % verringert werden kann.

Die entwickelte Architektur zur Organisation der Verhalten eines autonomen Roboters grenzt sich in vielerlei Hinsicht von existierenden Arbeiten ab. Das verwendete mathematische Rahmenwerk hat sich in den letzten Jahren in vielen Arbeiten als hervorragender Ansatz zu Regelung autonomer Systeme etabliert. Die Eigenschaft nichtlinearer dynamischer Systeme, durch Multistabilitäten und Hysterese „Entscheidungen“ in kontinuierlichen beliebig dimensionalen Zustandsräumen zu treffen, wird in diesem Ansatz zur Ausbildung von Aktivitätsmustern eines Verhaltensrepertoires genutzt. Die Dimension des Zustandsraumes ergibt sich dabei aus der Anzahl der implementierten Verhalten. Die Möglichkeit, die Verhaltensorganisation durch Regeln zu beschreiben und die Lernfähigkeit des Planungsschemas gewährleisten dennoch eine gute Handhabbarkeit. Ungewöhnlich für eine verhaltensbasierte Architektur ist darüberhinaus, dass die Funktion in der Umsetzung auf einem anthropomorphen Service-Roboter demonstriert werden kann und nicht, wie üblich, eine Beschränkung auf Simulationen oder miniaturisierte Experimentierplattformen erfolgt. So kann die Eignung des Komplexes aus Hardwareaufbau, Sensormodulen, implementierten Verhalten und vor allem der Verhaltensorganisation für reale menschliche Umwelten gezeigt werden. In diesen Punkten grenzt sich die hier entwickelte Verhaltensorganisation von dem verwandten Ansatz der *Behavioral Networks* (Maes 1989) ab. Maes' System ist ebenfalls als dezentrales, intrinsisch paralleles und stark konnektionistisches Schema aufgebaut und ist in der Fähigkeit Sequenzen zu planen sogar stärker als diese Architektur. Die mathematische Formulierung entspricht allerdings einer Reihe von kommunizierenden hybriden Systemen, mit der Konsequenz einer großen Anzahl von Übergangsbedingungen und zugeordneten Zustandsänderungen. Die Umsetzung ist entsprechend weniger kompakt und lässt analytische Betrachtungen kaum zu. *Behavioral Networks* enthalten keine adaptiven Komponenten und wurden nur in symbolischen Planungssimulationen experimentell getestet. Die Verfahren von Blumberg (1994) und Blumberg, Todd und Maes (1996) zur Verhaltensorganisation und zum Verhaltenslernen heben stärker auf die Demonstration ethologischer Prinzipien in künstlichen Systemen ab, als dass sie Vorschläge für Roboter-Architekturen sind. Entsprechend spielerisch sind die Virtual-Reality-Simulationen gewählt, mit denen die Experimente durchgeführt wurden. Dennoch konnten einige dort genutzte Prinzipien für diese Arbeit übernommen werden. Das Schema zum operanten Lernen ist an Blumbergs Lernschema angelehnt und die Ideen der kompetierenden Einzelverhalten und Auslösemechanismen werden von ihm ähnlich umgesetzt. Davon abhebend, und von entscheidender Wichtigkeit in der vorliegenden Arbeit, ist allerdings die inhärent zeitbezogene Formulierung aller Teilkomponenten durch dynamische Systeme. Damit ergibt sich eine echtzeitfähige Umsetzung aller Teile der Architektur inklusive des Lernschemas, wie es für einen realen Roboter benötigt wird. Mit der Implementation auf dem Roboter konnte zudem nachgewiesen werden, dass die intern repräsentierte Umweltinformation vom Roboter in natürlichen Umwelten in Echtzeit gewonnen werden kann.

Die entwickelte Architektur setzt in einer neuen Weise biologische Prinzipien der Verhaltensgenerierung und des Verhaltenslernens mittels nichtlinearer dynamischer Systeme auf einem mobilen Service-Roboter ein. Damit wurde ein intelligentes, planvoll handelndes und lernfähiges Robotersystem realisiert, dessen Verhaltensorganisation in realen Umwelten und dessen Planungs- und Lernschemata in Simulationen demonstriert werden.

7.2 Ausblick

Die Festlegung, dass die Verhalten des Roboters die zentralen Instanzen für die Definition von Umweltaspekten und Zielen sind, strukturiert diese Architektur und ist die Basis für ihre hervorragende Robustheit und das einfache Lernschema. Damit wird allerdings auch die Repräsentation von Szenen mit mehreren Objekten und deren individuellen Eigenschaften erschwert. Aktuelle Arbeiten gehen dahin, durch eine sogenannte *neuronale Grammatik* auch solche Aspekte der Umwelt mit den bewährten Formalismen zu beschreiben und deren Instanzen zur Laufzeit des Systems zu erzeugen oder zu entfernen. Das bedeutet eine Verschiebung von dem bisherigen verhaltensbasierten Ansatz hin zu einer hybriden Struktur, die die Eigenschaften der Prädikatenlogik mit konnektionistischen Methoden und der Darstellung durch instanziierte dynamische Systeme und neuronale Felder verbindet. Die hier entwickelte Architektur bildet für diese Weiterentwicklungen eine offene, stabile und experimentell evaluierte Basis.

Anhang

A Software-Rahmensystem PlaNet

A.1 Aufbau

Verhaltensbasierte Ansätze zur Steuerung autonomer Roboter erfordern die parallele asynchrone Ausführung vieler Teilsysteme wie z. B. Sensor- und Verhaltensmodule sowie der Verhaltensorganisation. Im Fall des Roboters ARNOLD, der rein visuell gesteuert wird, muss für die Bildverarbeitungsverfahren ausreichend Rechenleistung und Bandbreite zur Verfügung stehen. Dazu wurde an Bord des Roboters ein Netz von leistungsstarken Industrie-PCs unter dem Echtzeitbetriebsystem QNX aufgebaut. Die einzelnen Rechner sind durch Fast-Ethernet untereinander vernetzt.

Um eine große Anzahl von Prozessen zur Steuerung des Roboters flexibel in diesem Netz verteilen und kontrollieren zu können, wurde in Zusammenarbeit mit dem Lehrstuhl Rechnernetze und verteilte Systeme der Universität Dortmund der Betriebsystemaufsatz PlaNet entwickelt (Alberts et al. 1997). PlaNet ist in der Lage, durch ein Konfigurationsdatei gesteuert, eine beliebige Anzahl von Softwaremodulen auf beliebigen Rechnern im QNX-Netz zu starten und über benannte Kanäle asynchron kommunizieren zu lassen (Abb. A.1). Alle Prozesse werden zur Laufzeit überwacht, im Fall eines Abbruchs neu gestartet und wieder mit den laufenden Prozessen verbunden. Prozesse, die auf dem selben Knoten laufen, kommunizieren via Shared Memory, während Prozesse auf unterschiedlichen Knoten die synchrone Kommunikation des Betriebsystems benutzen. Um dennoch einen asynchronen Datenaustausch zwischen den Verhaltensmodulen zu gewährleisten, besitzt jedes Modul einen Pufferprozess, einen sogenannten Proxy, der die Kommunikation mit den entfernten Prozessen abwickelt (Abb. A.2). Die Kommunikation ist nachrichtenorientiert. Die Größe einer Nachricht wird nur durch den zur Verfügung stehenden Hauptspeicher begrenzt. Adressat ist stets einer der logischen Kanäle von PlaNet, von denen beliebig viele eingerichtet werden können. An jeden Kanal können mehrere Sender und Empfänger „angeschlossen" werden. Im Falle mehrerer Empfänger wird die Nachricht jedem der angeschlossenen Module zugesandt. Mehrfachspeicherung von Nachrichten wird durch eine intelligente Verwendung von Shared Memory und Semaphoren vermieden.

Ein ähnliches Softwarerahmensystem zur Robotersteuerung wird z. B. von Fedor (1994) beschrieben.

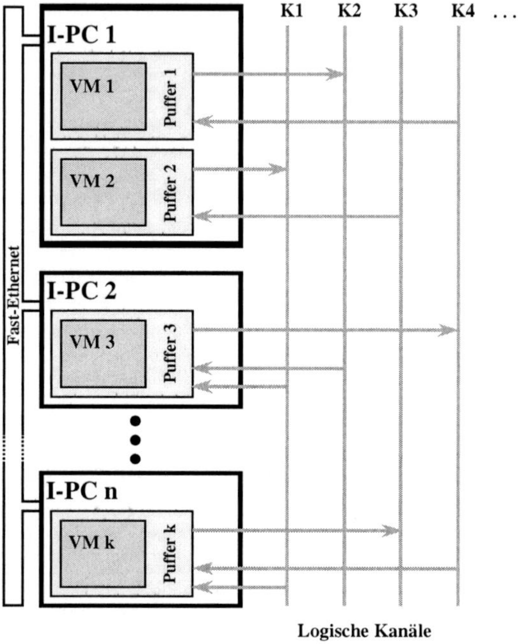

Abbildung A.1: Die Verhaltensmodule (VM) in PlaNet werden auf beliebig viele Industrie-PCs (I-PC) im Netz verteilt. Die Kommunikation läuft über eine beliebige Anzahl von logischen Kanälen (K1 bis K4), an denen die Module als Sender oder Empfänger angemeldet sind. Abbildung nach Bruckhoff (2000).

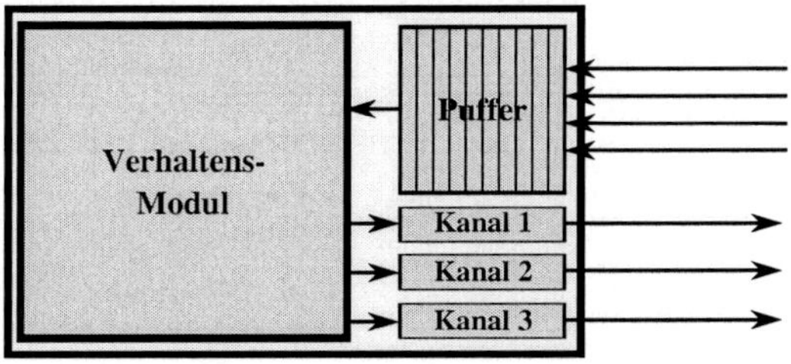

Abbildung A.2: Jedes Verhaltensmodul liest eingehende Nachrichten von einem Pufferprozess und sendet abgehende Nachrichten in die Kanäle, an die es angeschlossen ist. Abbildung nach Bruckhoff (2000).

A.2 Beispiel

Als Beispiel wird hier die Vernetzung der Module für das Experiment aus Abschnitt 4.4 beschrieben. An dem Experiment sind insgesamt sechs parallel laufende Prozesse beteiligt. Neben den Server-Prozessen zur Steuerung der Plattform und der Bildaufnahme gibt es je einen Bildverarbeitungsprozess für die Tür- und Hindernisdetektion. Die Verhalten des Experiments sind sehr kompakt zu implementieren und bestehen meist nur aus einer zu iterierenden Gleichung des dynamischen Systems und der Berechnung des Sensorkontextes, so dass aus Gründen der Ökonomie alle Verhalten von einem einzigen Prozess aufgenommen werden, in dem sie quasi-parallel arbeiten. Die Verhaltensorganisation ist ein davon losgelöstes Modul, dessen Code nicht an die unterschiedlichen Anwendungen angepasst werden muss. Sie liest zur Laufzeit die in der Beschreibungssprache abgelegten Parameter ein und erhält entsprechend einen eigenen Prozess. Abbildung A.3 zeigt die Datenflüsse in dieser Anwendung und Abbildung A.4 die Verbindungen zwischen den Prozessen, so wie sie durch die logischen Kanäle des Softwarerahmensystems PlaNet erstellt werden.

Die Verwendung der PlaNet-Kanäle als Prozessschnittstellen macht es sehr einfach, die Verhaltensorganisation, Tür- und Hindernisdetektion als universelle Komponenten in vielen Anwendungen einzusetzen. In der Regel wird zu jedem Typ von Datenstrom, z. B. den Hindernisdaten, ein Kanal in PlaNet erstellt. Durch die Tatsache, dass unter PlaNet mehrere Empfänger an einen Kanal angeschlossen werden können, lässt sich so sehr einfach eine „Broadcast"-Kommunikation realisieren.

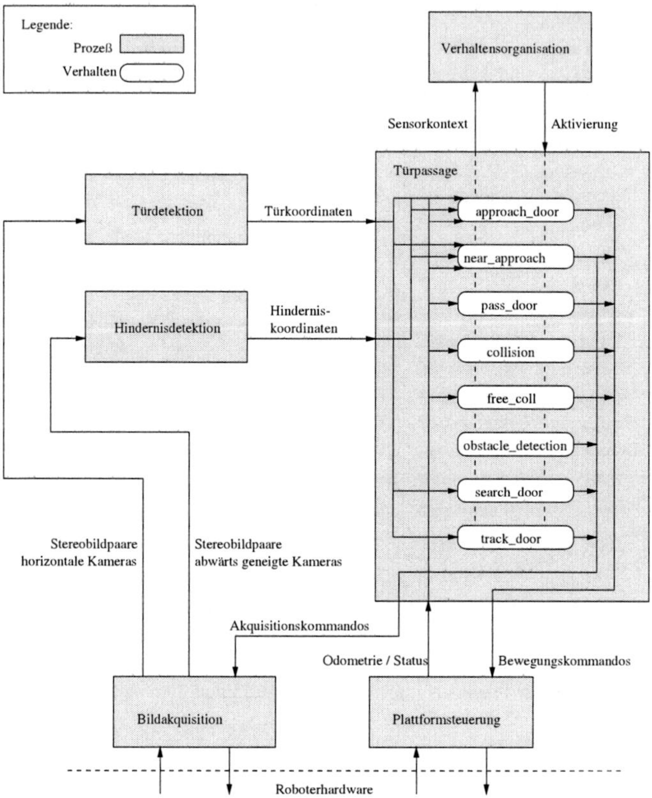

Abbildung A.3: Datenflüsse zwischen den Prozessen im Experiment aus Abschnitt 4.4.

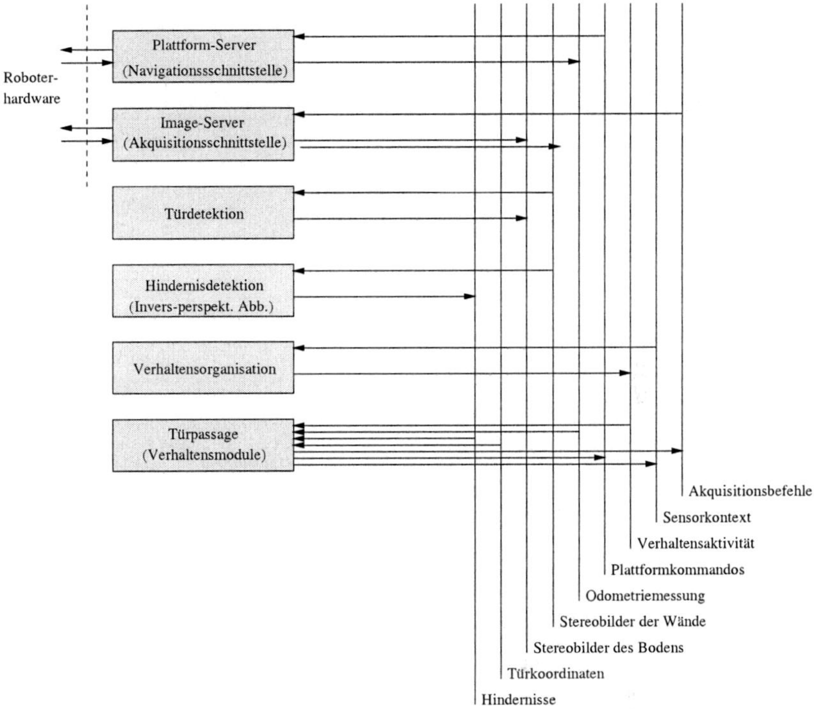

Abbildung A.4: Konfiguration des Betriebsystemaufsatzes PlaNet für des Experiment aus Abschnitt 4.4.

B Unscharfe Logik

An vielen Stellen der Verhaltensorganisation werden unscharfe logische Operatoren in kontinuierlichen Ausdrücken verwendet. Alle Operanden sind dabei kontinuierliche Werte aus dem Intervall $[0,1]$. Eine unscharfe Und-Verknüpfung wird dabei einfach als Produkt der beiden Operatoren ausgewertet:

$$x \wedge y = xy \tag{B.1}$$

Der Nicht-Operator ist entsprechend definiert durch

$$\overline{x} = 1 - x \ . \tag{B.2}$$

Der Oder-Operator ergibt sich nach der Regel von de Morgan aus den Gleichungen (B.1) und (B.2) zu

$$x \vee y = \overline{\overline{x} \wedge \overline{y}} = 1 - (1-x)(1-y) \ . \tag{B.3}$$

Die Abbildung B.1 verdeutlicht die Und- und Oder-Verknüpfungen.

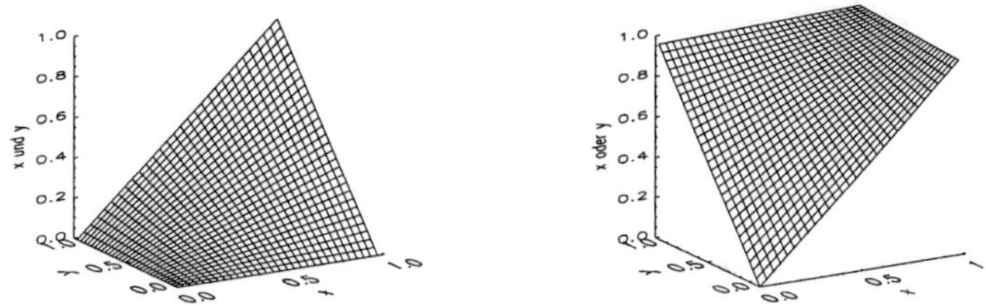

Abbildung B.1: Unscharfe kontinuierliche Und- (links) Verknüpfung bzw. Oder-Verknüpfung (rechts) zweier Operanden.

Verkettungen der Operatoren werden wie folgt ausgewertet:

$$x_1 \wedge x_2 \ldots x_k = \prod_{1 \leq i \leq k} x_i \tag{B.4}$$

$$x_1 \vee x_2 \ldots x_k = 1 - \prod_{1 \leq i \leq k} (1 - x_i) \tag{B.5}$$

Literaturverzeichnis

Agre, P. E. und Chapman, D. (1987). Pengi: An Implementation of a Theory of Activity. In *Proceedings of AAAI-87, Menlo Park, CA*, S. 268–272.

Alberts, R., Conze, D., Dietrich, A. W., Fiesel, M., Fischer, M., Fröhlich, M., Przybilke, J., Rittscher, J., Schwab, I. und Speemann, A. (1997). Entwicklung einer Kommunikationsplattform zur Steurerung eines autonomen mobilen Roboters - Abschlußbericht der Projektgruppe 283. Technical report, Fachbereich Informatik, Universität Dortmund.

Albus, J. S. und Lumia, R. (1990). NASA/NBS reference model. *Aerospace America 28*, 21–23.

Albus, J. S., Lumia, R. und McCain, H. (1987). NASREN: Standard reference model for telerobot control. Technical report, NASA, Goddard Space Flight Center, Proceedings of 1987 Goddard Conference on Space Applications of Artificial Intelligence (AI) and Robotics.

Alur, R., Courcoubetis, C., Halbwachs, N., Henzinger, T., Ho, P.-H., Nicollin, X., Olivero, A., Sifakis, J. und Yovine, S. (1995). The Algorithmic Analysis of Hybrid Systems. *Theoretical Computer Science* (138), 3–34.

Arkin, R. C. (1998). *Behavior-Based Robotics*. MIT Press.

Arrowsmith, D. K. und Place, C. M. (1994). *Dynamische Systeme*. Spektrum Akademischer Verlag.

Balkenius, C. (1993a). Motivation and Attention in an Autonomous Agent. In *Proceedings of the Workshop Underlying Motivation and Emotion, University of Birmingham*.

Balkenius, C. (1993b). The Roots of Motivation. In J.-A. Mayer, H. L. Roitblat und S. W. Wilson (Eds.), *From Animals to Animats 2: Proceedings of the Second International Conference on Simulation of Adaptive Behavior*. MIT Press.

Ballard, D. (1997). *Natural Computation*. MIT Press.

Barto, A. G., Bradtke, S. J. und Singh, S. P. (1995). Learning to Act using Real-Time Dynamic Programming. *Artificial Intelligence 72*, 81–138.

Becker, M., Kafalea, E., Maël, E., von der Malsburg, C., Pagel, M., Triesch, J., Vorbrüggen, J. C., Würtz, R. P. und Zadel, S. (1999). GripSee: A Gesture-Controlled Robot for Object Perception and Manipulation. *Autonomous Robots* (6), 203–221.

Bergener, T. (1994). Weiterentwicklung eines Hinderniserkennungsmoduls auf der Grundlage eines bildauswertenden Verfahrens und Implementierung auf einem mobilen Roboter mit Doppelkamerasystem. Studienarbeit, Lehrstuhl für Theoretische Biologie, Institut für Neuroinformatik, Ruhr-Universität Bochum.

Bergener, T. und Bruckhoff, C. (1999). Compensation of Non-Linear Distortions in Inverse-Perspective Mappings. Technical Report IRINI99-04, Institut für Neuroinformatik, Lehrstuhl für Theoretische Biologie, Ruhr-Universität Bochum.

Bergener, T., Bruckhoff, C., Dahm, P., Janßen, H., Joublin, F. und Menzner, R. (1997a). Arnold: An Anthropomorphic Autonomous Robot for Human Environments. In *SOAVE'97, Selbstorganisation von adaptivem Verhalten*.

Bergener, T., Bruckhoff, C., Dahm, P., Janßen, H., Joublin, F. und Menzner, R. (1997b). Arnold: An Anthropomorphic Robot for Human Environments. Technical Report IRINI-97-12, Institut für Neuroinformatik, Ruhr-Universität Bochum.

Bergener, T., Bruckhoff, C., Dahm, P., Janßen, H., Joublin, F., Menzner, R., Steinhage, A. und von Seelen, W. (1999). Complex Behavior by means of Dynamical Systems for an Anthropomorphic Robot . *Neural Networks - Special Issue*.

Bergener, T., Bruckhoff, C. und Igel, C. (1999). Evolutionary Parameter Optimization for Visual Obstacle Detection. In *Proceedings of the International Conference on Advanced Concepts for Intelligent Vision Systems (ACIVS '99)*.

Bergener, T., Bruckhoff, C. und Igel, C. (2000). *Imaging and Vision Systems: Theory, Assessment and Applications*, Kapitel Parameter Optimization for Obstacle Detection. Advances in Computation: Theory and Practice. Huntington, NY 11743 (USA): NOVA Science Books.

Bergener, T. und Dahm, P. (1997). A Framework for Dynamic Man-Machine Interaction Implemented on an Autonomous Mobile Robot. In *ISIE'97, IEEE International Symposium on Industrial Electronics*.

Bergener, T. und Steinhage, A. (1998). An Architecture for Behavioral Organization using Dynamical Systems. In *3rd German Workshop on Artificial Life, GWAL '98*.

Bischof, H.-J. (1989). *Neuroethologie*. Ulmer Verlag.

Blumberg, B. (1994). Action-Selection in Hamsterdam: Lessons from Ethology. In *From Animals to Animats 3: Proceedings of the Third International Conference on Simulation of Adaptive Behavior 1994*. MIT Press.

Blumberg, B., Todd, P. M. und Maes, P. (1996). No Bad Dogs: Ethological Lessons for Learning in Hamsterdam. In *From Animals to Animats 4: Proceedings of the Fourth International Conference on Simulation of Adaptive Behavior 1996*. MIT Press.

Bogoni, L. (1994, February). Subsumption architecture and discrete event systems: A comparison. Technical Report MS-CIS-94-09, University of Pennsylvania, Philadelphia, PA.

Bohrer, S. (1993). *Visuelle Hinderniserkennung durch Auswertung des optischen Flusses in invers-perspektiven Szenen*. Dissertation, Institut für Neuroinformatik, Ruhr-Universität Bochum.

Bohrer, S., Lütgendorf, A. und Mempel, M. (1991). Using Inverse Perspective Mapping as a Basis for two Concurrent Obstacle Avoidance Schemes. In N. H. Elsevier (Ed.), *Procceeding of the ICANN-91, Helsinki*.

Braitenberg, V. (1984). *Vehicles - Experiments in Synthetic Psychology*. MIT Press, Cambridge.

Brockett, R. W. (1993). Hybrid Models for Motion Control Systems. In H. Trentelman und J. C. Willems (Eds.), *Perspectives in Control*, S. 29–54. Boston: Birkhauser.

Bronstein, I. N. und Semendjajew, K. A. (1987). *Taschenbuch der Mathematik*. Verlag Harri Deutsch, Thun.

Brooks, R. (1986). A Robust Layered Control System For a Mobile Robot. *IEEE Journal of Robotics and Automation, RA-2.(1)*.

Bruckhoff, C. (2000). *Dynamische Systeme zum Entwurf von Navigationssystemen autonomer mobiler Serviceroboter*. Dissertation, Institut für Neuroinformatik, Ruhr-Universität Bochum.

Bruckhoff, C. und Dahm, P. (1998). Neural Fields for Local Path Planning . In *Proceedings of the International Conference on Intelligent Robotic Systems (IROS 98)*.

Brustoloni, J. C. (November 1991). Autonomous Agents: Characterization and Requirements, Technical Report CMU-CS-91-204. Diplomarbeit, School of Computer Science, Carnegie Mellon University.

Dahm, P. und Bruckhoff, C. (1998). Autonomous Decision Making in Local Navigation. In *From Animals to Animats 5: Proceedings of the Fifth International Conference on Simulation of Adaptive Behavior 1998*. MIT Press.

Dahm, P., Bruckhoff, C. und Joublin, F. (1998). A Neural Field Approach to Robot Motion Control. In *Proceedings of the 1998 IEEE International Conference on Systems, Man, and Cybernetics (SMC 98)*.

Dillmann, R. und Huck, M. (1991). *Informationsverarbeitung in der Robotik*. Springer-Verlag.

Dorigo, M. (1995). ALECSYS and the AutonoMouse: Learning to Control a Real Robot by Distributed Classifier Systems. *Machine Learning Journal 19*(3).

Dorigo, M. und Bersini, H. (1994). A Comparison of Q-Learning and Classifier Systems. In P. Husbands, J.-A. Meyer und J. W. Wilson (Eds.), *From Animals to Animats 3: Proceedings of the Third International Conference on Simulation of Adaptive Behavior 1994*, S. 248–255. MIT Press.

Dose, M. (1995). *Wegeplanung autonomer mobiler Roboter mittels dynamischer Systeme*. Dissertation, Institut für Neuroinformatik, Ruhr-Universität Bochum.

Elfes, A. (1986). A Distributed Control Architecture for an Autonomous Mobile Robot. *Artificial Intelligence 1*(2).

Fedor, C. (1994). TCX - An interprocess communication system for building robotic architectures, Programmer's Guide to version 10.xx. Technical report, Carnegie Mellon University, School of Computer Science, Robotics Institute.

Fike, R. E. und Nilsson, N. J. (1971). STRIPS: A New Approach to Theorem Proving in Problem Solving. *Journal of Arificial Intelligence*.

Floreano, D. und Mondada, F. (1996). Evolution of Homing Navigation in a Real Mobile Robot. In *IEEE Transactions on Systems, Man, and Cybernetics*.

Foltin, A. (1998). Entwicklung einer Software-Architektur zur Verhaltenssteuerung und -organisation für einen autonomen mobilen Roboter. Diplomarbeit, Lehrstuhl für Theoretische Biologie, Institut für Neuroinformatik, Ruhr-Universität Bochum.

Franklin, S. (1995). *Artificial Minds*. MIT Press.

Franklin, S. und Graesser, A. (1997). Is it an Agent, or just a Program?: A Taxonomy for Autonomous Agent. In *Proceedings of the Third International Workshop on Agent Theories, Architectures, and Languages*, S. 21–35. Springer-Verlag.

Gilles, T. (1997). Stereoskopische Hinderniserkennung für ein autonomes Roboterfahrzeug durch Fusion von invers-perspektiver Kartierung und phasenbasierter Disparitätsanalyse. Diplomarbeit, Lehrstuhl für Theoretische Biologie, Institut für Neuroinformatik, Ruhr-Universität Bochum.

Glendinning, P. (1994). *Stability, Instability and Chaos*. Cambridge University Press.

Goerick, C. (1994). Local Orientation Coding and Adaptive Thresholding for Real Time Early Vision. Technical Report IRINI-94-05, Institut für Neuroinformatik, Ruhr Universität Bochum.

Goldberg, D. E., Horn, J. und Deb, K. (1992). What makes a problem hard for a classifier system? In *Proceedings of the First International Workshop on Learning Classifier Systems*.

Gould, J. L. (1982). *Ethology: The Mechanisms and Evolution of Behavior*. W. W. Norton & Company.

Gould, J. L. und Grant Gould, C. (1997). *Bewußtsein bei Tieren (Animal Mind)*. Heidelberg: Spektrum Akademischer Verlag.

Görz, G. (1993). *Einführung in die künstliche Intelligenz*. Addison-Wesley.

Guckenheimer, J. und Holmes, P. (1983). *Nonlinear Oszillations, Dynamical Systems, and Bifurcations of Vector Fields*. Springer-Verlag.

Haigh, K. Z. und Veloso, M. M. (1997, Februar). High-Level Planning and Low-Level Execution: Towards a Complete Robotic Agent. *Autonomous Agents 1997*, 363–370.

Hertzberg, J. (1994). Planen von Aktionen und Reaktionen. Technical report, Universität Dortmund, Fachbereich Informatik, Lehrstuhl VIII Künstliche Intelligenz.

Hertzberg, J., Jaeger, H., Zimmer, U. und Morignot, P. (1998). A Framework for Plan Execution in Behavior-Based Robots. In *From Animals to Animats 5: Proceedings of the Fifth International Conference on Simulation of Adaptive Behavior 1998*.

Holland, J. und Reitman, J. (1978). Cognitive Systems Based on Adaptive Algorithms. In D. Waterman und F. Hayes-Roth (Eds.), *Pattern-Directed Inference Systems*. Academic Press.

Jaeger, H. (1998). Multifunctionality: A Fundamental Property of Behavior Mechanisms Based on Dynamical Systems. In *From Animals to Animats 5: Proceedings of the Fifth International Conference on Simulation of Adaptive Behavior 1998*.

Jaeger, H. und Christaller, T. (1997). Dual Dynamics: Designing Behavior Systems for Autonomous Robots . In S. Fujimura und M. Sugisaka (Eds.), *Proceedings of the International Symposium on Artificial Life and Robotics (AROB '97)*, S. 76–79.

Jähne, B. (1993). *Digitale Bildverarbeitung*. Springer-Verlag.

Konolige, K. und Myers, K. (1998). The Saphira Architecture for Autonomous Mobile Robots. In D. Kortenkamp, B. R. Peter und R. Murphy (Eds.), *Artificial Intelligence and Mobile Robots*, S. 211–242. MIT Press.

Košecká, J. und Bajcsy, R. (1994). Discrete Event Systems for Autonomous Mobile Agents. *Robotics and Autonomous Systems (12) 12*, 187–198.

Košecká, J. und Bogoni, L. (1994). Application of Discrete Event Systems for Modeling and Controlling Robotic Agents. *Int. Conference on Robotics and Automation, San Diego.*

Kreutz, M. (1994). Bilderkennung mittels Autokorrelationsfuntionen 2. Ordnung in pyramidalen Bildstrukturen. Diplomarbeit, Institut für Neuroinformatik, Ruhr-Universität Bochum.

Kreutz, M., Völpel, B. und Janßen, H. (1996). Scale-Invariant Image Recognition Based on Higher Order Autocorrelation Features. *Pattern Recognition 29(1).*

Kurita, T., Otsu, N. und Sato, T. (1992). A face recognition method using higher order local autocorrelation and multivariate analysis. In *11th International Conference on Pattern Recognition*, Volume 2, S. 213–216. IEEE: The Hague.

Large, E. W., Christensen, H. I. und Bajcsy, R. (1997). Dynamic robot planning: Cooperation through competition. In *Proceeding of the IEEE International Conference on Robotics and Automation.*

Latombe, J.-C. (1991). *Robot Motion Planning.* Kluwer Academic Publishers.

Lemmon, M., Stiver, J. A. und Antsaklis, P. J. (1993). Event Identification and Intelligent Hybrid Control. In R. L. Grossman (Ed.), *Hybrid Systems* (VIII ed.)., S. 269–296. Berlin: Springer.

Little, J., Bohrer, S., Mallot, H. und Bülthoff, H. (1991). Inverse Perspective Mapping Simplifies Optical Flow Computation and Obstacle Detection. *Biological Cybernetics 64*, 177–185.

Lorenz, K. (1978). *Vergleichende Verhaltensforschung.* Springer-Verlag, Wien.

Maes, P. (1989). How to Do the Right Thing. *Connection Science Journal Vol. 1*(No. 3).

Maes, P. (1990). Situated Agents Can Have Goals. *Robotics and Autonomous Systems 6*(6), 49–70.

Maes, P. (1994). Modeling Adaptive Autonomous Agents. *Artificial Life 1*(1/2), 135–162.

Mahadevan, S. (1996). Machine Learning for Robots: A Comparison of Different Paradigms. In *International Conference on Intelligent Robots and Systems (IROS '96), Workshop on Towards Real Autonomy.* IEEE/RSJ.

Martin, M. C. und Moravec, H. (1996). Robot Evidence Grids. Technical Report CMU-RI-TR-96-06, Carnegie Mellon University, The Robotics Institute, Pittsburgh, Pennsylvania 15213.

Mataric, M. J. (1994). Reward Functions for Accelerated Learning. In W. W. Cohen und H. Hirsh (Eds.), *Machine Learning: Proceeding of the Eleventh International Conference*, S. 181–189. Morgan Kaufman, San Francisco, CA.

Minsky, M. (1986). *The Society of Mind.* Simon and Schuster, New York.

Nagatani, K. und Yuta, S. (1994). Designing a Behavior to Open a Door and to Pass through a Door-way using a Mobile Robot Equipped with a Manipulator. In *International Conference on Intelligent Robots and Systems (IROS '94)*, S. 847–853.

Nagatani, K. und Yuta, S. (1996). Opening Door Behavior of an Autonomous Mobile Manipulator by Combination of Action Primitives. In M. Jamshidi und F. Pin (Eds.), *Robotic and Manufacturing Systems - Recent Results in Research, Development and Applications*, Volume 3, S. 603–610. TSI Press.

Neven, H., Steinhage, A., Giese, M. A. und Bruckhoff, C. (1996). Dynamical Systems for Vision-Based Autonomous Mobile Robots. *From Animals to Animats 4: Proceedings of the Fourth International Conference on Simulation of Adaptive Behavior, Cambridge, MA. The MIT Press / Bradford Books.*

Pack Kaelbling, L. und Littman, M. L. (1996). Reinforcement Learning: A Survey. *Journal of Artificial Intelligence* (4), 237–285.

Pack Kaelbling, L., Littman, M. L. und Cassandra, A. R. (1998). Planning and Acting in Partially Observable Stochastic Domains. *Artificial Intelligence 101.*

Puri, A. (1995). *Theory of Hybrid Systems and Discrete Event Systems.* Dissertation, University of California at Berkeley.

Quispel, L. (1998). Visual Context Classification for an Autonomous Robot. Diplomarbeit, Institut für Neuroinformatik, Lehrstuhl für Theoretische Biologie, Ruhr-Universität Bochum.

Ramadge, J. und Wonham, W. (1989). The Control of Discrete Event Systems. *Proceedings of the IEEE.*

Rechenberg, I. (1994). *Evolutionsstrategie '94.* Werkstatt Bionik und Evolutionstechnik. Stuttgart: Frommann-Holzboog.

Rosenblatt, J. K. (1997). *DAMN: A Distributed Architecture for Mobile Navigation.* Dissertation, Carnegie Mellon University, Robotics Institute.

Saffiotti, A. (1993). Some Notes on the Integration of Planning and Reactivity in Autonomous Mobile Robots. In *Proceedings of the AAAI Symposium on Foundations of Planning*, S. 122–126.

Saffiotti, A. (1997). Fuzzy Logic in Autonomous Robotics: Behavior Coordination. In *Proceedings of the 6th IEEE International Conference on Fuzzy Systems*, S. 573–578.

Scheier, C. und Lambrinos, D. (1995). Extended Braitenberg Architectures. Technical Report 95.10, University of Zürich, Computer Science Department.

Schöner, G., Dose, M. und Engels, C. (1995). Dynamics of Behavior: Theory and Applications for Autonomous Robot Architectures. *Robotics and Autonomous Systems 16*.

Schwefel, H. (1995). *Evolution and Optimum Seeking*. New York: John Wiley & sons.

Simmons, R., Goodwin, R., Haigh, K., Koenig, S. und O'Sullivan, J. (1997). A Layered Architecture for Office Delivery Robots. *First International Conference on Autonomous Agents, Marina del Rey, CA*.

Simmons, R. G., Goodwin, R., Zita Haigh, K., Koenig, S., O'Sullivan, J. und Veloso, M. M. (1997). Xavier: Experience with a Layered Robot Architecture. *ACM Intelligence*.

Smith, R. E. (1991). Default hierarchy formation and memory exploitation in learning classifier systems. Technical Report TCGA 91003, Tuscaloosa, University of Alabama.

Sossinka, R. (1981). *Ethologie*. Verlag Moritz Diesterweg.

Steels, L. und Brooks, R. (1994). *The Artificial Life Route to Artificial Intelligence. Building Situated Embodied Agents*. Lawrence Erlbaum Ass., New Haven.

Steinbrecher, R. (1993). *Bildverarbeitung in der Praxis*. Oldenbourg Verlag.

Steinhage, A. (1997). *Dynamical Systems for the Generation of Navigation Behavior*. Shaker-Verlag, Aachen.

Steinhage, A. und Bergener, T. (1998). Dynamical Systems for the Behavioral Organization of an Anthropomorphic Mobile Robot. In *From Animals to Animats 5: Proceedings of the Fifth International Conference on Simulation of Adaptive Behavior 1998*.

Steinhage, A. und Bergener, T. (2000). Learning by Doing: A Dynamic Architecture for Generating Adaptive Behavioral Sequences. In *Proceedings of the Second International ICSC Symposium on Neural Computation, NC'2000*.

Steinhage, A. und Schöner, G. (1997a). Self-Calibration Based on Invariant View Recognition: Dynamic Approach to Navigation. *Robotics and Autonomous Systems 20*, 133–156.

Steinhage, A. und Schöner, G. (1997b). The Dynamic Approach to Autonomous Robot Navigation. In *ISIE'97, IEEE International Symposium on Industrial Electronics*.

Sutton, R. (1988). Learning to predict by the method of temporal differences. *Machine Learning 3*(1), 9–44.

Sutton, R. und Barto, A. G. (1990). *Foundations of Adaptive Networks*, Kapitel Time-Derivative Models of Pavlovian Reinforcement. MIT Press.

Thrun, S. (1992). *Handbook for Intelligent Control*, Kapitel The Role of Exploration in Learning Control. Van Nostrand Reinhold.

Timberlake, W. und Silva, K. M. (1995). *Perspectives in Ethology 11: Behavioral Design*, Kapitel Appetitive Behavior in Ethology, Psychology and Behavior Systems, S. 211–235. Plenum Press, New York.

Tinbergen, N. (1952). *Instinktlehre*. Parey.

Tsai, R. (1987). A versatile camera calibration technique for high-accuracy 3D machine vision metrology using off-the-shelf TV cameras and lenses. *IEEE Journal Robotics and Automation*, 323–344.

Unbehauen, R. (1990). *Systemtheorie*. Oldenbourg Verlag, München.

Veloso, M., Carbonell, J., Rérez, A., Borrajo, D., Fink, E. und Blythe, J. (1995). Integrating Planning and Learning: The PRODIGY Architecture. *Journal of Experimental and Theoretical Artificial Intelligence* 7(1).

Verhulst, F. (1990). *Nonlinear Differential Equations and Dynamical Systems*. Springer-Verlag.

Watkins, C. J. C. H. und Dayan, P. (1992). Q-learning. *Machine Learning* 8(3), 279–292.

Wiener, N. (1948). *Kybernetik*. MIT Press.

Zell, A. (1994). *Simulation neuronaler Netze*. Oldenbourg.

Index